动物
百科

畜禽动物

动物百科编委会　编著

中国大百科全书出版社

图书在版编目（CIP）数据

畜禽动物 / 动物百科编委会编著 . -- 北京 ：中国大百科全书出版社，2025. 1. --（动物百科）. -- ISBN 978-7-5202-1834-4

Ⅰ . S8-49

中国国家版本馆 CIP 数据核字第 2025EE5947 号

总 策 划：刘　杭　郭继艳
策划编辑：张会芳
责任编辑：孙甲霞
责任校对：邵桃炜
责任印制：王亚青
出版发行：中国大百科全书出版社有限公司
地　　址：北京市西城区阜成门北大街 17 号
邮政编码：100037
电　　话：010-88390811
网　　址：http://www.ecph.com.cn
印　　刷：唐山富达印务有限公司
开　　本：710mm×1000mm　1/16
印　　张：10
字　　数：100 千字
版　　次：2025 年 1 月第 1 版
印　　次：2025 年 1 月第 1 次印刷
书　　号：ISBN 978-7-5202-1834-4
定　　价：48.00 元

—— 总　序

这是一套面向大众、根植于《中国大百科全书》第三版（以下简称百科三版）的百科通俗读物。

百科全书是概要记述人类一切门类知识或某一门类知识的完备的工具书。它的主要作用是供人们随时查检需要的知识和事实资料，还具有扩大读者知识视野和帮助人们系统求知的教育作用，常被誉为"没有围墙的大学"。简而言之，它是回答问题的书，是扩展知识的书。

中国大百科全书出版社从1978年起，陆续编纂出版了《中国大百科全书》第一版、第二版和第三版。这是我国科学文化建设的一项重要基础性、标志性、创新性工程，是在百年未有之大变局和中华民族伟大复兴全局的大背景下，提升我国文化软实力、提高中华文化国际影响力的一项重要举措，具有重大的现实意义和深远的历史意义。

百科三版的编纂工作经国务院立项，得到国家各有关部门、全国科学文化研究机构、学术团体、高等院校的大力支持，专家、学者5万余人参与编纂，代表了各学科最高的专业水平。专家、作者和编辑人员殚精竭虑，按照习近平总书记的要求，努力将百科三版建设成有中国特色、有国际影响力的权威知识宝库。截至2023年底，百科三版通过网站（www.zgbk.com）发布了50余万个网络版条目，并陆续出版了一批纸质版学科卷百科全书，将中国的百科全书事业推向了一个新的高度。

重文修武，耕读传家，是我们中国人悠久的文化传承。作为出版人，我们以传播科学文化知识为己任，希望通过出版更多优秀的出版物来落实总书记的要求——推动文化繁荣、建设中华民族现代文明，努力建设中国式现代化强国。

为了更好地向大众普及科学文化知识，我们从《中国大百科全书》第三版中选取一些条目，通过"人居环境""科学通识""地球知识""工艺美术""动物百科""植物百科""渔猎文明""交通百科"等主题结集成册，精心策划了这套大众版图书。其中每一个主题包含不同数量的分册，不仅保持条目的科学性、知识性、准确性、严谨性，而且具备趣味性、可读性，语言风格和内容深度上更适合非专业读者，希望读者在领略丰富多彩的各领域知识之时，也能了解到书中展示的科学的知识体系。

衷心希望广大读者喜爱这套丛书，并敬请对书中不足之处给予批评指正！

《中国大百科全书》编辑部

"动物百科" 丛书序

　　全球已知有 150 多万种动物，包括原生动物、多孔动物、刺胞动物、扁形动物、线形动物、苔藓动物、环节动物、软体动物、节肢动物、棘皮动物、脊索动物等，个体小至由单细胞构成的原生动物，大至体长可达 30 多米的脊索动物蓝鲸，分布于地球上所有海洋、陆地，包括山地、草原、沙漠、森林、农田、水域以及两极在内的各种生境，成为自然环境不可分割的组成部分。

　　除根据动物分类学将动物分类外，还可根据动物的种群数量、生活环境、对人类的利弊、生物习性等进行分类。有的动物已经灭绝，有的动物仍然生存繁衍。但现存动物中一部分已经处于濒危、近危、易危状态，需要我们积极保护。还有一部分大量存在的动物，有的于人类相对有益，如家畜、家禽、鱼虾蟹贝类、传粉昆虫、害虫的天敌等，是人类的食物来源和工业、医药业的原料，给人类的生存和发展带来了巨大利益；有一些动物（如猫、狗）是人类的伴侣，还有一些动物可供观赏。有些动物于人类相对有害，破坏人类的生产活动（如害虫、害兽）或给人类带来严重的疾病。动物的生活环境也不尽相同，有终生生活在陆地上的陆生动物，有水陆两栖的两栖动物，有终生生活在水中的水生动物，其中水生动物还可分为淡水动物和海水动物。此外，自然界的动物习性多样，有的有迁徙（洄游）习性，有的有冬眠习性。

　　为便于读者全面地了解各类动物，编委会依托《中国大百科全书》

第三版生物学、渔业、植物保护学、畜牧学等学科内容，组织策划了"动物百科"丛书，编为《灭绝动物》《保护动物》《有益动物》《有害动物》《常见淡水动物》《常见海水动物》《畜禽动物》《迁徙动物》《冬眠动物》等分册，图文并茂地介绍了各类动物。必须解释的是，动物的有害和有益是相对的，并非绝对的；动物的灭绝与否、受保护等级等也会随着时间发生变化，本丛书以当前统计结果为依据精选了相关的内容。因受篇幅限制，各类动物仅收录了相对常见的类型及种类。

希望这套丛书能够让更多读者了解和认识各类动物，引起读者对动物的关注和兴趣，起到传播科学知识的作用。

动物百科丛书编委会

目　录

第1章　禽类　1

第2章 畜类 21

禽类

鸡

清远麻鸡

清远麻鸡是中国肉用型地方鸡种。原产于广东省清远市，因母鸡背部羽毛呈芝麻样黑色斑点，故名。以体形小、皮下和肌间脂肪发达、皮薄骨软而著称。

清远麻鸡体形呈楔形，前躯紧凑，后躯圆大，头、脚细小。单冠。冠、髯和耳叶红色。喙、胫和皮肤黄色。雏鸡背部绒毛呈灰棕色，两侧各有一条白色绒毛带。公鸡颈、背部羽毛金黄色，胸、腹部羽毛黑色，主翼羽和尾羽黑色。母鸡背部羽毛有黄、棕、褐三色，带黑色斑点，形成黄麻、棕麻、褐麻三种；主翼羽内侧黑色，外侧有麻斑，并由前到后变淡至麻点消失。成年体重公鸡约 1.88 千克，母鸡约 1.49 千克。一般 180 日龄母鸡达到上市体重。开产日龄平均 161 天，年产蛋约 105 枚，平均蛋重约 46 克。蛋壳粉色。就巢率约 3%。

桃源鸡

桃源鸡是中国蛋肉兼用型地方鸡种。又称桃源大种鸡。原产于湖南省桃源县中部。以体形高大而驰名。1960 年在法国巴黎国际博览会展出后引种到越南。

桃源鸡体形呈长方形，肉质细嫩。成年公鸡头颈高昂，尾羽上翘，侧视呈 U 形。单冠居多，极少数玫瑰冠。冠、髯和耳叶红色。喙呈青灰色。公鸡羽毛金黄色或红色，母鸡羽毛有黄和麻两种颜色，主翼羽和尾羽黑色。皮肤多为白色，极少数黑色。胫黑褐色。雏鸡绒毛颜色有黄羽、麻羽和黑羽三种类型。成年体重公鸡约 2.08 千克，母鸡约 1.75 千克。开产日龄约 177 天，68 周龄平均产蛋数约 100 枚，300 日龄平均蛋重约 50 克。蛋壳浅褐色。就巢率 37%。

狼山鸡

狼山鸡是中国肉蛋兼用型地方鸡种。原产于江苏省如东县。以体格壮实、产蛋多、蛋大、皮薄肉嫩味美闻名于世。1872 年首先传入英国，继而又从英国传入德国、美国、法国和日本等国，被载入各国的家禽品种志，并参与奥品顿鸡、澳洲黑鸡等鸡种的育成。

狼山鸡

狼山鸡体形较大。头昂尾翘，背部平凹，呈 U 形。头部短圆，俗称蛇头大眼。单冠。冠、髯和耳叶红色，喙、胫黑色。皮肤白色。极少数凤头或毛脚。羽毛以黑色闪耀翠绿光泽为主，少数白色，偶有黄色。雏鸡绒毛黑色，头部间有白斑，腹、翼尖部及下腭等处绒毛淡黄色。成年体重公鸡约2.67千克，母鸡约2.03千克。开产日龄155天，500日龄产蛋约185枚，300日龄平均蛋重约51.60克。蛋壳浅褐色。就巢率约16%。

仙居鸡

仙居鸡是中国蛋用型地方鸡种。又称仙居土鸡、仙居三黄鸡、梅林鸡。原产于浙江省台州地区，以仙居县分布最多，因产地得名。

仙居鸡体形紧凑，骨骼纤细，羽毛紧密，动作敏捷，易受惊吓。有黄、黑、白三种羽色，以黄色为主。黄羽鸡颜面清秀，单冠。冠、髯和耳叶红色。喙黄色或青色。胫黄色为主，少数青色，仅少数有胫羽。皮肤白色或浅黄色。公鸡羽毛以黄红色为主，颈羽、鞍羽颜色较浅，主翼羽黄色或半黄半黑，尾羽黑色。母鸡羽色较杂，但以草黄色为主，主翼羽黄色或半黄半黑，尾羽黑色。雏鸡绒毛多为浅黄色。成年体重公鸡约1.77千克，母鸡约1.30千克。开产日龄145天，66周龄产蛋约172枚，300日龄平均蛋重约43克。蛋壳浅褐色。就巢性弱。

来航鸡

来航鸡是蛋用型鸡品种。原产于意大利。1835年由意大利来航港输往美国，故名。1874年被列为一个品种。经1900年以后在美国西部以及世界其他一些国家的长期改良，已在全世界普及，成为蛋用鸡有名的高产品种。中国在20世纪20年代和30年代初期先后几次引进本品种，已遍布全国各地。

来航鸡按其冠型和毛色共分 12 个品变种，如单冠白来航鸡、玫瑰冠褐来航鸡等。以单冠白来航鸡生产性能最好，分布最广。中国引入的主要是单冠白来航鸡。其特点是体形小而清秀，性情活泼，易受惊吓；单冠，公鸡冠大、厚而直立，母鸡冠薄、多倒向一侧；冠和髯红色；耳叶白色；喙、胫和皮肤黄色，产蛋后因色素减退而呈白色；羽毛洁白、紧密，尾羽发达、高翘。雏鸡绒毛白色。成年公鸡体重约 1.69 千克，母鸡约 1.37 千克。开产日龄 140～150 天，年产蛋 200～300 枚，300 日龄平均蛋重约 55 克。蛋壳白色。无就巢性。

单冠白来航鸡（雌、雄）

洛岛红鸡

洛岛红鸡是蛋肉兼用型鸡种。原产于美国洛德岛州，由红色马来斗鸡、褐色来航鸡、鹧鸪色九斤黄鸡和当地土种鸡杂交而成。有单冠红羽、单冠白羽（洛岛白）、玫瑰冠红羽三个品变种。全世界广泛饲养的高产褐壳蛋鸡父本都以洛岛红鸡为素材培育而成，母本多以洛岛白鸡为素材培育而成。中国引入单冠红羽和单冠白羽（洛岛白）两种。

洛岛红鸡体形呈长方形，背宽而平。单冠红羽鸡变种羽毛深红色；公鸡主翼羽、尾羽大部分黑色，母鸡尾羽末端呈黑斑。冠、髯和耳叶红色。喙褐黄色。胫、趾和皮肤黄色。单冠白羽（洛岛白）品变种羽毛白色，其他外貌特征与单冠红羽品变种相似。雏鸡绒毛红色或者白色。成年体重公鸡3.9千克，母鸡2.9千克。开产日龄180～210天，年产蛋约200枚，300日龄平均蛋重约60克。蛋壳褐色。就巢性弱。

九斤黄鸡

九斤黄鸡是中国肉用型地方鸡种。俗称九斤黄。分为溧阳鸡和浦东鸡两个品种。

溧阳鸡，原产于江苏省溧阳市；体形较大，略呈方形，胸宽，肌肉丰满；单冠；冠、髯和耳叶红色；喙、胫和皮肤黄色；公鸡羽毛黄色或者橘黄色，主翼羽有全黑与半黄半黑两种，尾羽黑色；母鸡羽毛以草黄色为主，少数黄麻色，尾羽末端呈黑斑；雏鸡绒毛米黄色；成年体重公鸡约3.90千克，母鸡约2.71千克；开产日龄154天，66周龄平均产蛋145枚，300日龄平均蛋重约57克；蛋壳浅褐色；就巢率6.4%。

浦东鸡，原产于上海市黄浦江以东地区；体形较大；单冠；冠、髯和耳叶红色；喙短而稍弯，基部黄色，上喙端部呈褐色；胫黄色，少数个体有胫羽和趾羽；皮肤白色或浅黄色；公鸡羽色有黄胸黄背、红胸红背、黑胸红背三种，主翼羽有全黑与半黄半黑两种，尾羽黑色；母鸡羽毛褐色，尾羽末端呈黑斑；雏鸡绒毛多呈黄色，少数头、背部有褐色或灰色绒毛带；成年体重公鸡约3.27千克，母鸡约2.99千克；开产日龄167天，60周龄产蛋136枚，300日龄平均蛋重约56克；蛋壳浅褐色；就巢率10%～15%。

科尼什鸡

科尼什鸡是肉用型鸡品种。原产于英国康瓦耳地区，由阿塞尔鸡、马来鸡、黑胸红色斗鸡和老英国鸡等几个品种杂交而成。有深花科尼什、白科尼什和红羽白边科尼什 3 个变种。中国曾引入深花科尼什（中国称为红色科尼什）和白科尼什两个品种。普遍饲养的白科尼什是美国科学家导入显性白羽基因而育成的变种。深花科尼什和白科尼什多用作快大肉鸡配套系终端父本。

科尼什鸡体形高大，体躯丰满紧凑，酷似斗鸡。豆冠。耳叶红色。喙、胫和皮肤橙黄色。雏鸡绒毛黄色。胸阔而深，胸、腿肌发达，两脚间距宽，胫和腿粗壮。羽毛坚硬，紧贴体躯。尾羽紧缩成束，向后平伸。成年体重公鸡 4.5～5.0 千克，母鸡 3.5～4.0 千克。开产日龄 186～210 天，年产蛋 120～130 枚，300 日龄蛋重 55～60 克。蛋壳浅褐色。无就巢性。

洛克鸡

洛克鸡是蛋肉兼用型鸡品种。原产于美国普利茅斯洛克，曾引入婆罗摩鸡和中国九斤黄鸡血统。中国简称洛克鸡。按羽色分为横斑、白羽、浅黄、银纹、鹧鸪色、哥伦比亚色、蓝色 7 个品变种。

中国引入横斑、浅黄和白羽 3 个品变种。全世界广泛饲养的白羽肉鸡的母本多以白洛克鸡为素材培育而成。横斑洛克鸡（中国俗称芦花鸡）体形椭圆；全身羽毛有黑白相间横斑纹，羽毛末端为黑边，斑纹清晰一致；公鸡白色横斑约为 2/3、黑色横斑约为 1/3，母鸡黑白横斑几乎相等；

单冠；冠、髯和耳叶红色；喙、胫和皮肤黄色；雏鸡绒毛黑色，头顶部有白色斑块；成年体重公鸡 4 千克，母鸡 3 千克；年产蛋 180 枚左右，蛋重约 56 克；蛋壳浅褐色；就巢性弱。浅黄洛克鸡的体形、外貌和生产性能均与横斑洛克鸡相似，只是全身羽毛浅黄色，雏鸡绒毛米黄色。白洛克鸡的体形、外貌与其他两个品变种相似，只是全身羽毛白色，雏鸡绒毛白色；成年体重公鸡 4.0 ～ 4.5 千克，母鸡体重 3.0 ～ 3.5 千克；年产蛋 150 ～ 160 枚，蛋重约 60 克；蛋壳浅褐色；就巢性弱。

东乡绿壳蛋鸡

东乡绿壳蛋鸡是中国蛋肉兼用型地方鸡品种。又称东乡黑羽绿壳蛋鸡。原产于江西省东乡县（今东乡区）。

东乡绿壳蛋鸡体形呈菱形，羽毛以黑色为主，少数个体为白、麻或黄色。单冠。冠、髯、喙、胫、皮肤、肉、骨多呈乌黑色。耳叶白色为主，少数浅黑色。雏鸡绒毛黑色，腹部灰白色。成年体重公鸡约 1.7 千克，母鸡约 1.36 千克。170 ～ 180 日龄开产，500 日龄产蛋数 152 个。300 日龄平均蛋重 48 克。平均种蛋受精率 90%，平均受精蛋孵化率 83%。就巢率约 5%。蛋壳绿色，由逆转录病毒插入 SLCO1B3 基因启动子区导致该基因在壳腺特异性表达，并因胆绿素、胆绿素锌螯合物、原卟啉 3 种色素比例不同而显出绿色的深浅差异。

节粮小型蛋鸡

节粮小型蛋鸡是体形矮小、饲料利用率高的蛋鸡品种。主要指由中国农业大学动物科技学院培育的三系杂交配套系农大 3 号蛋鸡。产粉壳蛋，产蛋期日均耗料 88 克，年产蛋 306 枚，料蛋比 1.99 ： 1。

该品种在培育过程中利用了伴性矮小型基因 *dw*。*dw* 基因于 1949 年被发现，表现为隐性，可导致生长激素受体缺失，影响鸡的生长和体形发育。初生时，矮小型鸡和正常型鸡在体重和骨骼长度方面没有明显差异。成年后，矮小型母鸡体重减少约 30%，公鸡体重减少更多。骨骼方面，主要是长骨受影响而缩短，跖骨长度比正常型短 25% 左右，因而表现出典型的矮小型体征。由于体重及体组成上的变化，*dw* 基因可使耗料量减少 20% 左右。矮小型鸡的另一个优势是体形变小后，不但可以加大饲养密度，而且可以使用更矮小的鸡笼，因而节约材料和饲养空间。

鸭

山麻鸭

山麻鸭是小型蛋用鸭品种。又称龙岩麻鸭。原产于福建省龙岩市龙门镇。除福建西部外，还分布于北部等地区。

山麻鸭的公鸭头中等大，颈秀长，眼圆大，胸较浅，躯干呈长方形；头、颈上部羽毛为孔雀绿，有光泽，有白颈圈。前胸羽毛赤棕色，腹羽洁白。从前背至腰部羽毛均为灰棕色。尾羽、性羽为黑色，喙青黄色，胫、蹼橙红色，爪黑色。母鸭羽色有浅麻、褐麻、杂麻 3 种。母鸭羽色类型虽多，但其喙、嘴豆、跖、蹼及爪的颜色均相同，与公鸭颜色无异。成年体重公鸭 1.27 千克，母鸭 1.44 千克。成年公鸭屠宰半净膛率 72.8%，全净膛率 63%。成年母鸭屠宰半净膛率 67.4%，全净膛率 58.5%。108 日龄开产，500 日龄产蛋数 299 个，生产群蛋重 66 ～ 68 克。在公母鸭比例 1 ∶ 30 的条件下，种蛋受精率 85%，受精蛋孵化率 86%。母鸭无就巢性。山麻鸭体小，早熟，产蛋多，蛋重适中，饲料转化效率高。

金定鸭

金定鸭是中国小型蛋用鸭品种。中心产区位于福建省龙海市紫泥镇金定村，厦门、龙海、同安、南安、晋江、惠安、漳州、漳浦等县、市、区均有分布。

公鸭胸宽，体躯较长，前躯昂起。喙黄绿色，虹彩褐色，胫、蹼橘红色，头部和颈上部羽毛具翠绿色光泽，前胸红褐色，背部灰褐色，翼羽深褐色，有镜羽。母鸭身体细长，匀称紧凑，颈秀长。喙古铜色。胫、蹼橘红色。羽毛纯麻黑色。成年体重公鸭 1.614 千克，母鸭 1.796 千克。成年公鸭屠宰半净膛率 77.6%，全净膛率 71.4%。成年母鸭屠宰半净膛率 71.5%，全净膛率 64.5%。蛋壳以青色为主。尾脂腺发达，羽毛防湿性很强。公鸭 100 日龄性成熟；母鸭 139 日龄开产，500 日龄产蛋数 288 个，蛋重 72 克，产蛋率高，产蛋期长，高产鸭在换羽期或冬季可以持续产蛋。公、母鸭配比为 1 ∶ 20 时，种蛋受精率 91%，受精蛋孵化率 90%。公鸭的利用年限为 1 年，母鸭则可用 3 年。

金定鸭抗病力、繁殖力强，产蛋多、蛋大、蛋品质好，是适应海滩放牧的优良蛋用鸭种。

高邮鸭

高邮鸭是蛋肉兼用型地方优良鸭品种。又称高邮麻鸭。主产于江苏省高邮、宝应、兴化等县、市，分布于江苏省中部京杭大运河沿岸的里下河地区，是江淮地区良种。2005年被定为国家级畜禽遗传资源保护品种，进入国家水禽种质资源基因库。2006年被列入中华人民共和国农业部（今农业农村部）《国家级畜禽遗传资源保护名录》。

高邮鸭体形较大，体躯呈长方形。喙豆呈黑色，虹彩呈褐色，皮肤呈白色或浅黄色。母鸭全身羽毛紧密、呈褐色，喙青色，爪黑色。公鸭头、颈部羽毛深绿色，背、腰、胸褐色芦花羽，腹部白色。喙青绿色，胫、蹼橘红色，爪黑色。成年体重公鸭2.66千克，母鸭2.79千克。成年公鸭屠宰半净膛率79.9%，全净膛率72.6%。成年母鸭

高邮鸭

屠宰半净膛率84.4%，全净膛率74%。母鸭170～190日龄开产，500日龄产蛋数190～200个，生产群蛋重84克。在公母鸭比例1：20～30的条件下，种蛋受精率86%～90%，受精蛋孵化率90%。母鸭无就巢性。产绒性能好，平均每只成年母鸭产羽毛115克，其中绒羽28克。

高邮鸭善潜水，觅食力强，耐粗饲，适应性强，生长发育快、易肥，肉质好，蛋头大、蛋质好，双黄蛋比例比一般地方蛋鸭品种高，适于放牧饲养。

番鸭

番鸭是雁形目鸭亚科栖鸭属一种。又称瘤头鸭、麝香鸭、疣鼻栖鸭、巴西鸭。

欧洲许多国家称之为火鸡鸭，在法国则称为蛮鸭。原产于中南美洲热带森林，属不喜游水的森林禽种，善飞，至今墨西哥、巴西和巴拉圭仍有野生种。

番鸭

绍兴鸭

绍兴鸭是中国蛋用型鸭高产品种。又称绍兴麻鸭。简称绍鸭。原产于浙江省绍兴地区，现浙江全省、上海市郊和江苏省南部太湖流域，以及江西、福建、湖南、广东等10多个省都有分布。

绍兴鸭体形狭长紧凑，呈琵琶形，前躯高抬，与地面呈45°夹角。头轻喙长，颈细，腿健壮，行动灵活。皮肤橘黄色。按羽色分为RE系（喙、胫、蹼橘红色）和WH系（喙黑色，胫、蹼橘红色）两个类型。前者性情温驯，宜圈养。母鸭羽毛均呈褐色带黑点，似麻雀，但红毛绿翼梢品种的羽色较深，有墨绿色镜羽；带圈白翼梢品种的羽色较浅，主翼和腹部白色，颈中部有2～4厘米宽的白色羽

绍兴鸭

圈。公鸭头、颈上部和尾羽均为黑色，并有绿色光泽，但带圈白翼梢品种的颈圈、主翼羽和腹部羽毛为白色。母鸭性成熟期为 104 天，公鸭 150～160 天。500 日龄产蛋量大约 307 个，平均蛋重 67 克，蛋壳白色与青色各半。产蛋期蛋料比 1 : 2.4。公母配种比例 1 : 20～30。受精蛋孵化率 89% 以上，种蛋受精率约 95%。

绍兴鸭成熟早、产蛋量高、饲料利用率高、杂交利用效果好，能适应多种环境，生命力强。

鹅

鹅是雁形目鸭科雁亚科雁族雁属成员，是人类对雁长期驯养而成的经济禽类。

◆ 起源和分布

大多数鹅的品种来源于雁属的灰雁和鸿雁。灰雁有两个亚种，黄喙灰雁和粉喙灰雁，是欧洲鹅的祖先。鸿雁是中国鹅的祖先。鸿雁与灰雁有很近的亲缘关系，来自这两种雁的鹅品种间杂交的后代可以继续繁殖。

鹅的分布几乎全在北半球，绝大多数集中于欧亚大陆。中国、俄罗斯和大多数欧洲国家，特别是法国、德国和东欧各国是养鹅业发达的国家。鹅的分布地区大体上与其祖先（主要是灰雁和鸿雁）的迁徙地区相一致。

◆ 生物学特性

起源于灰雁和鸿雁的鹅的体形外貌具有近似的特征：①喙短而坚

固。②体躯丰满，有些品种有腹褶，少数颌下有垂皮。③羽毛丰满紧凑，御寒能力强，有灰、白两种羽色。④腿短而粗壮，脚趾间有蹼连接（第一趾除外）。起源于鸿雁的鹅颈较长，略呈弓形，头上有肉瘤，前躯略高，体重较小，但繁殖性能较高；起源于灰雁的鹅头顶无肉瘤，颈略短而直，体躯与地面平行。鹅的孵化期为31天，部分品种有就巢性。与其他家禽相比，鹅有较明显的择偶性。视觉发达，可以看到8米以外的玉米粒，能在距离120米处认清自己的同类。有

鹅

较强的自卫行为和警觉性，而且鸣声响亮，因而在农家饲养中具有看守门户的警卫功能。

◆ **品种**

中国主要的鹅品种有籽鹅、豁眼鹅、雁鹅、狮头鹅、皖西白鹅、四川白鹅、浙东白鹅、太湖鹅。国外的主要品种有莱茵鹅、朗德鹅、埃姆登鹅、图卢兹鹅。

◆ **产品利用**

鹅能提供多种产品。主要有鹅肉、鹅肥肝、鹅蛋和鹅羽绒，也可加工成鹅绒裘皮、鹅油、鹅骨、鹅血和鹅胆。

四川白鹅

四川白鹅是中国中型蛋用鹅品种。

原产地为四川省，主要分布于四川的宜宾、成都、德阳、乐山、内江等市，以及重庆的永川区和荣昌区、大足区等地。中国大部分地区都有引进饲养。

四川白鹅体形中等，羽毛紧密、呈白色、有光泽。虹彩呈灰色，皮肤呈白色，喙、胫、蹼呈橘黄色。成年公鹅体格稍大，头颈粗短，体躯较长，额部有半圆形的肉瘤，颌下咽袋不明显。成年母鹅体格稍小，头清秀，肉瘤不明显，颈细长，无咽袋，腹部稍下垂、少量有腹褶。雏鹅绒羽呈黄色。成年体重公鹅平均 5.49 千克，母鹅平均 4.90 千克。200～240 日龄开产，年产蛋数 60～80 个，高者可达 110 个；初产年产蛋数 60～70 个，第 2～4 个产蛋年产蛋数 70～110 个。在公、母鹅配比为 1∶4～5 的情况下，种蛋受精率 88%～90%，受精蛋孵化率 90%～94%。母鹅无就巢性。

四川白鹅生长速度快、繁殖性能好、配合力强、适应性好，在中国中型鹅种中以产蛋量高而著称。

狮头鹅

狮头鹅是中国大型肉用鹅品种。

因前额鹅颊侧肉瘤发达、呈狮头状而得名。原产于广东省潮州市饶平县的溪楼村，中心产区为潮州市饶平县、潮安区和湘桥区，汕头市龙湖区和澄海区，揭阳市揭东区、榕城区等地。

狮头鹅头大颈粗，前躯较高，呈方形。全身背面羽毛及翼羽呈棕色，由头顶至颈部背面形成如鬃状的棕色羽毛带。腹面羽毛呈白色或灰白色。棕色羽毛的边缘色较浅，呈镶边羽。肉瘤质软，呈黑色。头部近肉瘤处，多有白色羽毛，明显者形成一条白色羽毛带。喙短，呈黑色。颌下咽袋发达，呈弓形，延至颈部及喙的下部。虹彩呈褐色。面部皮肤松软，眼皮突出，多呈黄色。皮肤呈米黄色或乳白色。胫、蹼呈橘红色，有黑斑。腹部与腿内侧多有似袋形的皮肤皱褶。公鹅前额肉瘤极其发达，呈扁平状，留种 2 年以上的成年公鹅左、右颊侧各有一对大小对称的黑色肉瘤，与覆盖喙上的前额肉瘤合称为"五瘤"。母鹅肉瘤相对较小。雏鹅线毛呈灰色。成年体重公鹅平均 8.33 千克，母鹅平均 8.13 千克。狮头鹅平均 235 日龄开产，开产蛋重 170g，年产蛋数 26 ～ 29 个，平均蛋重 212 克。2 岁以上母鹅年产蛋数 30 个左右。种蛋受精率 85%，受精蛋孵化率 88.2%。母鹅就巢性强，每产 1 窝蛋就巢 1 次，就巢期为 25 ～ 30 天；采用人工孵化，

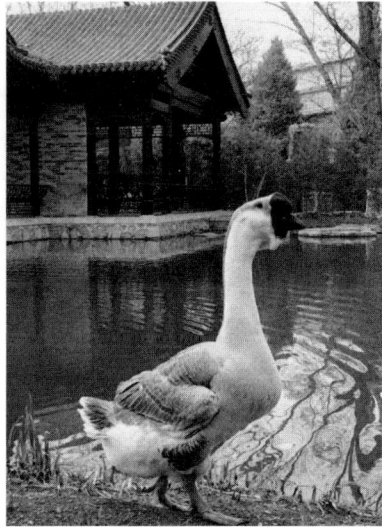

狮头鹅

可大大缩短母鹅就巢时间，约 5% 母鹅无就巢行为。

狮头鹅体格大、生长快、饲养期短、耐粗饲、饲料转化效率高、适应性强，但也存在种鹅繁殖性能低、肉用鹅肉质较粗等缺点。

肉　鸽

肉鸽是主要供食用而饲养的鸽品种。属鸟纲鸽形目鸠鸽科鸽属。

肉鸽体形大，不善飞行，生长迅速，肉质好，繁殖性能高，常年产蛋、孵化、育雏，5～6月龄性成熟。成年鸽体重600～1000克。每对种鸽每年可产乳鸽8～12对，而乳鸽经25～30天哺喂即可出售，体重可达500～750克。

肉鸽饲养

经过长期的人工驯化和选育，肉鸽适应能力强，少疾病，营养丰富，肉质细嫩，是高蛋白、低脂肪的理想食品。同时，肉鸽还有很好的药用价值，其骨、肉均可入药，能调心、养血、补气，具有消除疲劳、增强体质的功效。

2024年，中国出栏肉乳鸽达8.5亿只，是世界上肉鸽生产和消费量最大的国家。

王　鸽

王鸽是原产于美国的大型肉用鸽品种。又称美国王鸽、大王鸽、K鸽。是世界上饲养量最大、分布最广的肉鸽品种。

王鸽分为展览型和肉用型。展览型体形较大，成年鸽体重约为

1000 克；肉用型比展览型小，成年鸽体重约为 780 克。羽色有白色、银色、棕色、黑色等，最常见的是白王鸽和银王鸽。白王鸽全身羽毛为白色，体大，头圆，嘴呈肉红色，鼻瘤较小，眼大有神，虹彩呈深红色，胫呈枣红色，成年鸽体重 650～780 克，年产乳鸽 12～16 只。银王鸽的体形比白王鸽稍大，羽毛银灰色，翅羽上有两条黑色线，颈部羽毛呈紫红色略带金属光泽，鼻窦呈粉红色，胫呈紫红色，成年鸽体重 800～1020 克，年产乳鸽 14～18 只。

石岐鸽

石岐鸽是肉用型地方鸽种。中心产区位于广东省中山市。

石岐鸽羽色较多，有白色、灰二线、红色、浅黄色等，其中以白色数量最多。体形较大，体躯较长，翼及尾部也较长。平头光胫，鼻长嘴尖，眼睛较细，胸圆。公鸽头较圆，额稍突出，颈较粗，鼻瘤较大，呈粉白色，基部具有皱纹，嘴甲较阔。母鸽头较细，额不突出、较斜，颈较细，鼻瘤较小、较嫩，较温驯。成年公鸽的体重 650～700 克，成年母鸽的体重 600～650 克。每对种鸽年可育成乳鸽 16～19 只。

石岐鸽适应性强，耐粗饲，就巢性好，受精、孵化、育雏等生产性能良好，产品风味独特。

鹌 鹑

鹌鹑是鸟纲鸡形目雉科鹌鹑属主供食用家禽。又称赤鹑、红面鹌鹑。

简称鹑。

鹌鹑在中国古代称为鴽，北魏贾思勰所著《齐民要术》中首次出现"鹌鹑"的名称。鹌鹑体型小，但肉味鲜美，产蛋多，成熟早，饲料转化率高。医学上还常用作实验动物。春秋战国时期，鹌鹑的肉、蛋已是宫廷宴席上的珍馐。但古时养鹑主要用以赛斗、聆鸣娱乐。野鹌鹑被驯养成为专供蛋用和肉用的家鹌鹑不过百余年历史。蛋用品种以日本鹌鹑为主，肉用品种以澳大利亚鹌鹑和美国金黄鹌鹑较有名。中国现有鹌鹑品种主要来自日本。在世界上也以日本养鹌鹑为最多。

鹌鹑外貌似鸡雏，头小，颈粗，体硕，尾短，羽深麻黄色。习群居，喜暖怕冷，容易受惊，适宜安静环境。15 日龄换初级羽，30 日龄左右换永久羽。成年鹑体温 41 ～ 42℃，初生鹑低 4℃ 左右，10 日龄后才达到成年鹑体温。幼时雌雄不易区分。20 日龄后，雄鹑在颊、下颌和喉部均呈赤褐色，胸部红褐色，上有少数小黑斑点；而雌鹑的上述部位分别为黄白色和淡黄色，小黑斑点很多。30 日龄雄鹑引颈高鸣，雌鹑则不善鸣叫，声低而细。40 日龄左右，公鹑发出求偶声，指压肛门上部球状泄殖腔腺可排出一种泡沫状分泌物，说明已发育成熟。肉用鹑体重达 110 克以上时上市出售；蛋用鹑开产日龄一般为 35 ～ 60 天，年产蛋 240 ～ 280 个。

鹌鹑

鹌鹑生长发育快，饲养标准一

般前期（0 ～ 21 日龄）要求含粗蛋白质 20% ～ 24%，后期（22 日龄后）24%。此外适量补充矿物质、维生素和微量元素等。干喂法多用全价配合饲料。湿喂时将粉料与青料加上荤汤水拌成糊状喂饲，适用于小规模饲养场和家庭饲养。笼养每平方米密度 3 周前约 150 只，3 周后70 ～ 80 只。室温宜掌握在 10 ～ 30℃ 以内。饮水应充分，不可中断。环境宜保持卫生和安静。蛋的孵化期 17 天，孵化操作和鸡基本相似。种鹌一年调换 1 次。留种 40 日龄左右按雄 1、雌 1 ～ 3 的比例选留。被淘汰的种鹌和蛋用鹌作为肉用鹌出售。

日本鹌鹑

日本鹌鹑是鸟纲鸡形目雉科鹑属的蛋用鹌鹑品种。无亚种。又称日本改良鹑。由日本的小田原太郎于 1911 年利用中国野生鹌鹑驯化培育而成。野生日本鹌鹑主要分布在亚洲东部、印度东北部、中国大陆及台湾地区，以及东南亚、菲律宾。在中国主要繁殖地为内蒙古自治区和东北地区，越冬地在中国中部、西南部、东部和东南部等地区。

日本鹌鹑体羽为栗褐色，头部为黑褐色，中央有 3 条淡色直纹，背羽赤褐色，其中分散着黄色直纹和暗色横纹，腹羽色浅。雌鹑脸部淡褐色，下颌灰白色，胸羽浅褐色并缀有黑色斑点。

日本鹌鹑

成年雄鹑脸部、下颌、喉部为赤褐色，胸羽呈砖红色。

日本鹌鹑以体形小（14～20厘米）和产量高而著称。成年雄鹑体重100～115克，雌鹑130～145克，成熟期约40日龄，蛋重约10.5克，年平均产蛋量250～300个，平均产蛋率可达80%，孵化期17天，出生雏重6～7克，种蛋受精率75%～80%，受精卵孵化率70%～80%。

第 2 章

畜类

牛

延边牛

延边牛是中国寒温带山区役肉兼用黄牛品种。又称延边黄牛。中国资源保护品种和五大地方良种牛之一。1821 年以来，由进入中国东北地区的朝鲜牛和本地牛进行长期杂交并经过精心培育而成，在形成过程中曾导入蒙古牛和乳用牛的血统。产于吉林省延边朝鲜族自治州下辖的各县、市及毗邻各县，其中敦化、汪清、龙井、和龙、珲春为主产区，分布于黑龙江的牡丹江、松花江等地及辽宁省沿鸭绿江一带朝鲜族聚居的水田地区。

延边牛体质结实，结构匀称。胸部深宽，背、腰平直，尻斜。骨骼坚实，皮厚而有弹力，被毛长而密，毛色多呈浓淡不同的黄色。公牛头方额宽，角基粗大，多呈"一"字或倒"八"字形角，颈短厚而隆起，肌肉发达。母牛头大小适中，角细而长，多为龙门角，乳房发育较好。犊牛初生重 24 ～ 25 千克；成年公、母牛体重分别约为 480 千克和 380 千克，体高、体长、胸围公、母牛分别约为 131 厘米和 122 厘米、152 厘米和 141 厘米、187 厘米和 171 厘米。性成熟期公、母牛分别为 14 月龄和 13 月龄；母牛初配年龄 20 ～ 24 月龄，繁殖年限 15 ～ 22 岁。母牛平均泌乳期为

180 ～ 210 天，年泌乳量一般为 700 千克左右。

延边牛性情温驯，耐寒，耐粗饲，抗病能力强，持久力强，瞬间最大挽力公、母牛分别为 425 千克和 331 千克；能拉车、耕地、驮运等，不仅适用于水、旱田耕作，还善走山路和在倾斜地带工作，不易疲劳；产肉性能良好，大理石花纹沉积好，肉质鲜嫩。

渤海黑牛

渤海黑牛是中国中大型役肉兼用型黄牛品种。中国唯一的黑毛黄牛品种。原主产于山东省渤海沿岸的滨州和东营地区，德州、潍坊和河北省沧州地区渤海沿岸各县、市亦有分布。

渤海黑牛中等大小，体质结实，结构紧凑，体躯呈长方形，肉用体形明显。被毛黑色或黑褐色，少数腹下有少量白毛，蹄、角、鼻镜及舌面皆为黑色，被称为"黑金刚"。头矩形，头颈长度基本相等；角轻小，多龙门角；胸宽深，背腰长宽平直，后躯较发达，尻部较宽；四肢开阔，肢势端正有力，蹄质细致坚实。公牛额平直，颈短厚，肩峰较明显。母牛面长额平，四肢坚实。成年平均体重公牛 380 千克，母牛 300 千克。公牛 10 ～ 12 月龄性成熟，母牛 8 ～ 10 月龄开始发情。

渤海黑牛耐粗饲，适应性较强，抗病力较强，繁殖力较强，肥育性能良好，易沉积脂肪，肉质细嫩，大理石状花纹明显。

晋南牛

晋南牛是中国大型役肉兼用型黄牛品种。原产于山西省西南部汾河下游的晋南盆地，包括运城地区及临汾地区的部分县、市。

晋南牛体格较高大，骨骼结实，体质健壮。被毛光滑，毛色以枣红色为主，其次是黄色及褐色。鼻镜粉红色，蹄趾亦多呈粉红色。公牛头中等长，额宽，角圆形，角根粗，颈较粗而短，垂皮比较发达，前胸宽阔，肩峰不明显，臀端较窄，蹄大而圆，质地致密。母牛头部清秀，角多扁形，向上方弯曲，角色蜡黄，角尖呈枣红色，乳头较细小。成年体重公牛 600 千克，母牛 340 千克。

晋南牛适应性能良好，抗病力强，耐粗饲；性情温驯，挽力大；速度快、耐久力好；肌肉较丰满，易肥育，肉质鲜嫩、色泽红润，肌纤维细。

南阳牛

南阳牛是中国大型役肉兼用型黄牛品种。原主产区为河南省南阳白河和唐河流域的平原地区。

南阳牛体格高大而结实，前躯发达。肌肉丰满，皮薄毛细，结构紧凑。被毛以米黄色为主，也有红、草白等色，面部、腹下和四肢下部毛色稍浅。头型适中，角形较多。鼻镜多为肉色。颈短厚，略呈弓形。肩峰隆起，四肢筋腱明显，蹄大而坚实。成年平均体重公牛 650 千克，母牛 410 千克。产肉性能良好，育肥公牛屠宰率可达 55% ～ 60%，肉

南阳牛

质好，味道鲜美。

南阳牛体大力强，行走速度快，适应性强，较耐粗饲；性成熟较早，繁殖能力强，是夏南牛培育的母本。中国许多地区曾引进南阳牛用以改良当地黄牛。

鲁西牛

鲁西牛是中国大型役肉兼用型黄牛品种。原主产区为山东省西南部黄河故道的菏泽、济宁等地区，聊城、泰安、德州和滨州等地也有较多分布。

鲁西牛按外貌特征可分为高辕型、抓地虎型和中间型。高辕型鬐甲高耸，体躯高大，行走步幅大速度快，适于役用，存栏数量最多。抓地虎型体躯粗长，四肢粗短，胸广深，侧视成长方形，适于肉用，存栏数量较少。中间型介于二者之间。

被毛淡黄至棕黄色，部分牛的眼圈、口轮、腹下和四肢内侧色稍浅，多数呈"三粉"特征，鼻镜肉红色为主。肩宽厚，胸宽深，背腰较平直，尻稍斜，四肢端正，蹄质坚实。公牛头方正，角粗大，多为龙门角或倒"八"字角；颈短厚，稍隆起，肩峰耸起，前躯发育好；母牛头清秀，角细短，颈长短适中，乳房发育较好。成年公、母牛体重分别为 650 千克和 370 千克左右。繁殖性能较强，母牛 8 月龄即能受配怀胎，繁殖可持续 10 胎以上；公牛 1 岁左右可产生成熟精子，性机能最旺盛年龄在 5 岁以前。

鲁西牛性情温驯易管理，耐粗饲，对管理要求较为精细；抗病能力强，很少发生传染病和寄生虫病；产肉性能良好，肉质好、具有独特的风味，肌纤维细，脂肪白、分布均匀，有"五花三层肉"之美誉。

秦川牛

秦川牛是中国肉役兼用黄牛地方品种。

◆ 简史

秦川牛历史悠久，公元前 8 世纪，古籍中就有关中地区"择良牛献主"的记载，主作食用，并开始用于耕田。秦川牛因产于陕西省渭河流域关中平原"八百里秦川"而得名，主要用作役牛。自 20 世纪 80 年代开始，由于农业机械化的普及，秦川牛由役用开始向肉役兼用方向转变，属中国五大良种黄牛之一。经过 30 多年的品种选育，秦川牛的肉用性能不断凸显，已选育出肉用新品系。

◆ 产地、主产区和分布

秦川牛主要分布在陕西省渭南、蒲城，西至扶风、岐山等 15 个县、市，以及陕西与甘肃省、宁夏回族自治区毗邻地区。中心产区在陕西礼泉、乾县、扶风、咸阳、兴平、武功和蒲城等 7 个县、区。2006 年被列入《国家级畜禽遗传资源保护名录》，存栏已达 150 多万头，是陕西及其陕甘宁毗邻地区发展优质肉牛生产的主导品种。

秦川牛（公）

◆ **形态特征和生产性能**

秦川牛体格比较高大，体质结实，骨骼粗壮，结构匀称，肌肉丰满。毛色以紫红和红色为主（90%），其余为黄色。鼻镜为肉红色。公牛头大额宽，整体粗壮、丰满，俗称五短一长，即脖子短、四肢短、腰身长。母牛头清秀。口方，面平，角短而钝，向后或向外下方伸展。公牛颈短、粗，有明显的肩峰，母牛鬐甲低而薄。胸部宽深，肋骨开张良好。四肢结实，蹄圆大，蹄多呈红色。平均初生重公犊 27.4 千克，母犊 25 千克。在中等饲养水平条件下，经过选育的秦川牛肉用新品系体形外貌更接近肉牛品种，各项生产性能比传统秦川牛均有较大幅度提高，24 月龄平均日增重 1.0 千克左右，平均屠宰率、净肉率和眼肌面积分别达到 62.39%、51.69% 和 74.98 平方厘米，泌乳期平均为 8 个月，产奶量为 800 ～ 900千克。

◆ **特点**

秦川牛适应性好，耐粗饲、抗病力强，已引入全国 21 个省、区，进行纯种繁育或改良当地黄牛，取得了很好的效果。肉用性能比较突出，具有皮薄骨细、耐粗饲、易肥育、产肉性能好、肌肉大理石花纹明显、肉质细嫩多汁等特点。

◆ **用途和现状**

秦川牛是中国优秀的地方良种黄牛品种，也是理想的杂交配套品种。作为母本，曾与丹麦红牛、短角牛、利木赞牛、安格斯牛、荷斯坦牛杂交，产肉、产奶性能有所提高。由于该牛优质肉块比例大，繁殖性能好，用作杂交母本，可用于生产高档优质牛肉。

蒙古牛

蒙古牛是肉乳役兼用型黄牛品种。中国华北、西北、东北地区分布最广的地方品种。原产于蒙古高原，以产于内蒙古锡林郭勒盟乌珠穆沁的类群最为著名。广泛分布于内蒙古、山西、河北、新疆、甘肃、宁夏、辽宁、吉林、黑龙江等省区。

蒙古牛体质结实，粗糙，头短宽而粗重，额稍凹陷，角细长且向上前方弯曲，角质致密有光泽，多呈蜡黄或青紫色。颈短，垂皮小，鬐甲低平，胸部狭深，后躯短窄，尻部倾斜，背腰平直，四肢粗短健壮。母牛乳房容积不大，结缔组织少，乳头小。皮肤厚而少弹性，被毛长而粗硬，毛色较杂，多为黑色或黄红色。耐粗饲，耐寒，抗病力强，能适应恶劣环境条件。中等营养水平的阉牛平均宰前重可达 376.9 千克，屠宰率为 53%，净肉率为 44.6%。母牛在放牧条件下泌乳期为 5.0 ～ 6.5 个月，年产奶量 500 ～ 700 千克，乳脂率为 5.2%，是当地土制奶酪的原料。母牛 8 ～ 12 月龄开始发情，发情周期为 19 ～ 26 天，发情集中在 4 ～ 11 月份，平均妊娠期为 284.8 天。中国的三河牛和草原红牛都是以蒙古牛为基础而育成的。

黄　牛

黄牛是中国原有的普通牛种。饲养数量在大家畜和牛类中均居首位。饲养地区几乎遍布全国。随着农业机械化的快速发展，黄牛在农区正在逐步由役用转为肉役兼用，在半农半牧区主要是役乳肉兼用，而在牧区则是乳肉兼用。

黄牛体质粗壮，结构紧凑。被毛以黄色为最多，品种可能因此而得名，但也有红棕色和黑色等。头部略粗重，角形不一，角根圆形。肌肉发达，四肢强健，蹄质坚实。其体形和生产性能因自然环境和饲养条件不同而有差异，可分为三种类型：①北方黄牛。数量最多，分布于华北、东北及西北各地，以蒙古牛、延边牛、复州牛、哈萨克牛等较著名。以肩峰低、垂皮少为主要特征。体形一般较中原黄牛稍小，乳房较其他黄牛发达。由于终年放牧和当地气候寒冷，北方黄牛往往皮厚毛粗，骨骼粗壮，体质结实，耐粗饲，耐寒。北方黄牛经专门化肉牛品种改良后的肉用性能有显著改善。②中原黄牛。分布于黄河中、下游各省，包括甘肃东南部，陕西关中，山西中部和南部，河南，山东和河北南部的广大平原地区，以秦川牛、南阳牛、鲁西牛和晋南牛等著名。其他如郏县红牛、冀南牛、渤海黑牛等也属之。体形大，强壮有力，皮薄毛细。肩峰发育中等。结构匀称，肌肉发达。牛肉品质优良。③南方黄牛。分布于

黄牛

东南、西南、华南、华中、华东各省（自治区）和陕西南部，包括巴山牛、雷琼牛、锦江黄牛、广丰黄牛、台湾牛等品种。以肩峰高、垂皮大为主要特征。体形较小，四肢强健。被毛多黄、褐色，唯鼻镜、蹄、角多呈黑色。性温驯，耐热，耐粗饲，具有抗蜱及焦虫病能力。

随着城乡居民经济水平的提高和生活水平的改善，传统的黄牛养殖业正在通过基因改良向肉用或肉乳兼用方向发展。自改革开放以来，采用杂交方法对黄牛进行了全面改良，以本地黄牛为母本导入专门化肉牛品种基因，已育成了一批新的品种，如乳肉兼用型的中国西门塔尔牛、三河牛、新疆褐牛、草原红牛、蜀宣花牛和专门化肉牛品种的夏南牛、辽育白牛、延黄牛、云岭牛等。经过遗传改良的兼用型品种牛和专门化肉用品种牛，无论在产奶性能还是产肉性能方面，都较原来的黄牛品种有大幅度提高。

阿勒泰白头牛

阿勒泰白头牛是中国乳肉役兼用黄牛地方品种。起源于新疆维吾尔自治区准噶尔盆地北部的蒙古牛种的一个分支，经长期人工选择培育而成，是新疆古老的乳肉役等多用途黄牛品种。

阿勒泰白头牛主要分布在新疆阿勒泰、塔城和伊犁河谷地区，中心产区是阿勒泰地区的布尔津县禾木哈纳斯蒙古民族乡。2006年被列入国家畜禽品种保护资源名录，截至2024年底数量3000余头。

阿勒泰白头牛中等大小，体格结实，结构紧凑。头部白色，眼睛周围多有色圈；体躯红褐色，腹、胸、

阿勒泰白头牛放牧牛群

乳房、后肢和尾尖等部位亦为白色。头较重，额较宽；耳阔，耳内充满绒毛，无角牛约占 60%。颈短且宽厚，鬐甲宽圆，胸深腹大，尻长宽适中，背腰平直且宽，腹较大、胸较深，臀部肌肉较丰满。四肢壮直，蹄质坚实。母牛乳房发育中等，乳头长短粗细适中。繁殖期在 5 月初到 9 月底，发情周期平均为 21 天，发情持续时间 12～48 小时，妊娠期 270～290 天，平均 280 天；2 岁左右开始初配，犊牛初生重 20～24 千克，繁殖成活率 70%～75%。

阿勒泰白头牛（母）

自然放牧条件下，成年公牛体高 135 厘米，体重 550～600 千克；成年母牛体高 120 厘米，体重 350～400 千克。公牛最大挽力 400～540 千克。全年放牧条件下泌乳期 150～200 天，日产奶量 4.5～6.0 千克，乳脂率 4.5% 左右，半舍饲条件下 305 天产奶量 2400 千克。放牧饲养条件下，成年阉牛屠宰率 49%，成年母牛屠宰率 46%。

阿勒泰白头牛适应性强、耐高寒、耐粗饲、抗病力强、适应终年放牧、遗传性能稳定，是改良扩群和生产杂交后代的良好母本资源。

哈萨克牛

哈萨克牛是中国役肉乳兼用黄牛地方品种。历史悠久，相传是由蒙古人于 13 世纪初西征进入新疆时带去的蒙古牛与新疆本地牛杂交，后经哈萨克族人民长期选育和风土驯化而形成的役肉乳多用途地方品种，且长期处于闭锁繁育状态。

哈萨克牛主产区为新疆维吾尔自治区北部的阿勒泰地区青河县、哈巴河县、布尔津县。在阿勒泰地区其他各县，哈密市的巴里坤哈萨克自治县、伊吾县，昌吉回族自治州的木垒哈萨克自治县、奇台县，天山北部山区的各县也有少量分布，数量为20万头左右。

体格较小，体质结实，结构紧凑。被毛为贴身短毛，毛色较杂，以黄色和黑色为主，部分有鼻毛和无季节性黑斑点。头略长而宽，中等偏小，额部稍凹陷，眼大有神，耳平伸，角呈半椭圆形，角质细致，多呈蜡黄与青紫色。颈细，中等长度，肉垂不发达，鬐甲低平，胸部窄而深，背腰平直，腹圆而紧吊，后躯较窄，多呈尖斜尻，四肢较短，后腿肌肉不发达。尾根较低，蹄质结实，多呈黑褐色。母牛乳房小，呈碗状。成年体重公牛450千克，母牛350千克；成年体高公牛115～120厘米，母牛110厘米。公牛最大挽力586千克。常年放牧条件下，周岁牛屠宰率42%～45%，成年公牛屠宰率49.7%，净肉率37.2%，骨肉比1：3.2，眼肌面积64.3平方厘米。性成熟年龄

哈萨克牛（母）

公牛12月龄，母牛9～13月龄；初配年龄公、母牛均为2岁左右，繁殖率96.7%，繁殖成活率94.2%；繁殖季节为每年5～10月；母牛发情平均周期20天，妊娠期平均271天，犊牛初生重20～25千克。

哈萨克牛适应性强，耐严寒、耐酷暑、耐粗饲，抗风沙、抗病力强，采食好、易抓膘，肉质细嫩，风味好。阉牛在良好肥育条件下可生产出优质的大理石纹牛肉，是培育肉牛新品种和开展杂交优势利用的优选原始品种。

新疆褐牛

新疆褐牛是中国肉乳役兼用牛品种。以新疆维吾尔自治区当地哈萨克牛为母本，引入瑞士褐牛、苏联阿拉塔乌牛及科斯特罗姆牛与之杂交改良，经过长期选育而成。中华人民共和国成立以来自主育成的第一个培育品种。最初主要分布于新疆伊犁、塔城、阿勒泰、昌吉、哈密等地，现已遍及天山南北及全国10多个省、区，截至2022年种群规模约192万头，是新疆第一大牛种资源。

新疆褐牛体格中等，体质健壮，结构匀称，骨骼结实，肌肉丰满。被毛以褐色为主，深浅不一，头顶、角基部、口轮和背线呈灰白色或黄白色，角尖、眼睑、鼻镜、尾梢和蹄呈深褐色。头部清秀，唇嘴方正，角中等大小，向侧前方弯曲，呈半椭圆形，角尖粗直。颈长短适中，颈肩结合良好，颈垂较明显，鬐甲宽圆，背腰宽平，胸部宽深，尻宽长适中，臀部丰满，四肢开张宽踏，蹄

新疆褐牛群体

质结实。母牛乳房发育良好，附着紧实，乳头呈柱状，分布均匀，大小适中。成年公牛体高 138 厘米，体重 800 千克；成年母牛体高 120 厘米，体重 420 千克。青年母牛 6 月龄就有发情表现，一般在 2 岁体重达 230 千克时进行配种；公牛一般在 1.5 ～ 2 岁、体重达 330 千克时用于配种。母牛发情周期平均 21.4 天，发情持续期 1.5 ～ 2.5 天，妊娠期 285 天，犊牛初生重 25 ～ 38 千克。舍饲条件下泌乳期 305 天，平均产奶量 2400 ～ 4500 千克，乳脂率 4.03% ～ 4.08%，乳干物质 13.45%；放牧条件下泌乳期约 100 天，平均产奶量 800 ～ 1500 千克，乳脂率 4.43%。放牧肥育的中等膘情，1.5 岁阉牛

新疆褐牛（公）

屠宰率 48%，成年母牛屠宰率 52%，成年公牛屠宰率 53%，眼肌面积 77 平方厘米；舍饲肥育的成年公牛屠宰率可达 58%。

新疆褐牛抗逆性强，抗寒、抗病、耐粗饲，具有很强的适应能力，适宜山地草原放牧；肉质细嫩，风味好，具有较好生产大理石纹牛肉的潜力。

草原红牛

草原红牛是乳肉兼用型牛品种。又称中国草原红牛。

草原红牛以引进的英国短角公牛为父本，中国北方草原地区的蒙古母

牛为母本，历经杂交改良、横交固定和自群繁育而成。主产于吉林省白城地区西部、内蒙古自治区昭乌达盟和锡林郭勒盟南部及河北省张家口地区，分布于河北、河南、重庆、安徽、广东、甘肃、青海等10多个省、市、区。

草原红牛中等大小，体质结实，清秀匀称，侧观呈长方形。头部适中，角向前上方弯曲（有的无角），多呈倒"八"字形，角尖呈黄褐色；眼中等大，眼球不凸出；鼻镜多呈粉红色。颈肩宽厚，结合良好。胸宽深，背腰平直，中躯发育良好，后躯略短，尻宽平。四肢端正，骨骼健壮，肌肉较丰满。母牛乳房发育良好，多呈盆状。被毛具光泽，多为深红色，有的牛腹下、乳房有白斑，尾帚白色。犊牛初生重30千克左右；成年体重公牛约760千克，母牛约450千克；成年公、母牛体高、体斜长、胸围分别为137厘米、124厘米，178厘米、147厘米，213厘米、181厘米。母牛产奶量1800～2000千克，乳脂率4%以上。18月龄育肥牛体重可达520千克以上，屠宰率58%以上，净肉率49%以上，剪切力值3.6千克以下。

草原红牛耐粗饲、适应性强、抗病力强，繁殖力高和遗传力强，以乳和肉的品质好和风味独特而著称，是肉牛繁育良好的配套系之一。通过导入1/4丹麦红牛血统及1/4利木赞牛血统，已形成了乳用和肉用两个品系，产奶及产肉性能进一步提高，为促进中国养牛业发展做出了重要贡献。

三河牛

三河牛是中国乳肉兼用牛品种。曾称滨州牛。因较集中于额尔古纳的三河（根河、得勒布尔河、哈布尔河）地区而得名。从1898年起，用10多个外来品种牛如西伯利亚改良牛、雅罗斯拉夫牛、西门塔尔牛、荷斯坦牛等品种与当地蒙古牛进行复杂杂交选育而成。其中，西门塔尔牛的影响最大。1954年建立了国营种畜场（如谢尔塔拉等）开始系统的选育工作，1976年成立了三河牛育种委员会，1982年制定品种标准，1986年鉴定、验收并命名。

◆ **产地、主产区和分布**

三河牛原产于中国内蒙古自治区呼伦贝尔草原及滨州铁路沿线，主要分布在呼伦贝尔市（约占90%），其次在兴安盟和锡林郭勒盟等地。2019年，呼伦贝尔主产区存栏5万多头。原产地气候寒冷、干旱，冬季最低气温可达-50℃，夏季最高气温可达35℃。枯草期长达7个月之久，积雪期为200天左右。春季多风少雨、夏秋季节气候凉爽，水草丰美。三河牛品质优良、适应性强，从产区输出的牛已达10万多头，曾出口到蒙古、越南等国。

◆ **形态特征和生产性能**

三河牛毛色以红（黄）白花为主，花片分明。头白色或额部有白斑，四肢膝关节以下、腹下及尾帚呈白色。角稍向上、向前弯曲，少数角向上。体形高大（公、母牛平均体高分别为156.8厘米和131.8厘米），骨骼粗壮、结构匀称、肌肉发达，乳房发育较好，但乳头不够整齐。平均初生重公、母犊分别为39.3千克和36.2千克。成年平均体重公牛930.5千克，母牛578.6千克。2019年海拉尔农牧局基础母牛群5160头三河牛平均产奶量在6000千克以上，平均乳脂率达4.0%～4.2%，乳蛋白率在 3.35%～3.4%；核心群 1080 头平均产奶量 6530 千克，最高个体第三泌乳期 305 天产奶量 11600 千克。18 月龄以上公牛经过短期育肥后，屠宰率为 55% 左右，净肉率为 45% 左右。

◆ **特点**

三河牛耐粗饲，耐严寒，适应性好，易放牧，乳肉综合品质好，乳脂率高，肉质脂肪少、肉质细嫩、大理石纹明显、色泽鲜红，生长发育快，体质结实，能在草原酷寒环境中保持良好的生产性能和繁殖力。可进一步遗传改良，突出良好的草原乳品质优势和肉质风味，提高其乳肉综合生产特色。

三河牛（公）　　　　　三河牛（母）

德国黄牛

德国黄牛是肉乳兼用牛品种。由德国本地红色或红白花牛与引入的伯恩牛及瑞士褐牛杂交选育而成，有的则认为含有西门塔尔牛的基因。分为 3 个类型：法兰康牛、兰德温牛、格兰顿涅尔堡牛，其中以法兰康牛为该品种的代表牛。1899 年成立品种协会。该品种最早从役用、肥育性能方面选育，到 20 世纪 60 年代引入丹麦红牛提高其产奶性能，育成了早熟、活重大的肉乳兼用牛。

德国黄牛原产于德国，主产区为德国巴伐利亚州的维尔茨堡、纽伦堡、班贝格、特里尔和卡塞尔，毗邻的奥地利也有分布。1971年和1972年出口到美国和加拿大，20世纪90年代出口到澳大利亚、南非等国，1997年陆续引入中国辽宁、河南等地。

德国黄牛毛色为棕黄色或红棕色，眼圈周围颜色较浅。体躯长而欠宽阔，后躯发育好；全身肌肉丰满，四肢肢势良好，蹄质坚实。乳房大且附着良好。成年体重公牛1000～1300千克，母牛650～800千克，体高相应为145～150厘米和130～135厘米。平均初生重母犊38千克，公犊42千克；难产率低。犊牛初生体重低，但哺乳期生长迅速，断奶重和周岁重大。去势小公牛肥育后，18月龄活重达600～700千克。400日龄活重公牛519千克，母牛377千克；141～500日龄平均日增重1.16千克，屠宰率63.7%，净肉率56%；泌乳期产奶量4650千克，乳脂率4.15%。

德国黄牛生长、繁殖、产奶综合素质突出，犊牛初生重低，但后期生长快，并且胴体品质好，母性好、早熟，性情温驯、易管理，适应性强。利用较高的早期生长速度和饲料转化效率，以及具有瘦肉多、脂肪少，优良的产肉、产奶性能等综合特点，可作为父本杂交改良当地牛的产肉和产奶性能，提高其综合性能，或作为培

德国黄牛（公）

育乳肉兼用牛新品种的引入品种。

丹麦红牛

丹麦红牛是乳肉兼用牛品种。1841～1863 年用与该牛毛色、生产性能和繁育环境相似的英国乳用短角牛、安格勒牛进行导入杂交及长期选育，最终于 1878 年育成；后又导入瑞士褐牛基因。如今的丹麦红牛是以乳脂率、乳蛋白率高，以及对结核病抵抗力强而著称的乳肉兼用品种。

丹麦红牛原产于丹麦的菲英岛、西兰岛和洛兰岛。世界许多国家都有分布。1984 年，中国首次引入，分别饲养于吉林省畜牧兽医研究所和原西北农业大学，主要用于改良延边牛、秦川牛和复州牛。杂一代普遍表现适应性强，耐粗饲，生长发育快，初生重大，乳房发育好，产奶量较高。

丹麦红牛体格大、体躯长而深。被毛红色或深红色，公牛一般毛色较深；部分牛只腹部和乳房部有白斑，鼻镜为瓦灰色。胸骨向前凸出，有明显的垂皮，背长腰宽，尻宽平；四肢结实，乳房发达、发育匀称。成年公牛体高 148 厘米，体重 1000～1300 千克；成年母牛体高 132 厘米，体重 650 千克左右。犊牛初生重 40 千克左右。据丹麦年鉴记载，1989～1990 年平均产奶量达 6712 千克，乳脂率 4.31%，乳蛋白率 3.49%，个体最高单产纪录为 11896 千克。美国 2000 年 5.38 万头丹麦红牛平均产奶量为 7316 千克，乳脂率 4.16%，乳蛋白率 3.49%。在中国饲养条件下，305 天产奶量 5400 千克，乳脂率 4.21%，最高个体达 7000 千克。

丹麦红牛肉用性能亦好，屠宰率一般为 54% 左右。在肥育期，12 ～ 16 月龄的小公牛平均日增重达 1010 克，屠宰率为 57%。

丹麦红牛体质结实，耐热、抗寒，耐粗饲，采食快；性早熟、生长速度快，乳、肉生产性能高，肉品质好。利用其乳肉生产性能均好的综合特

丹麦红牛（被毛红色）

点，特别是高乳蛋白率和高乳脂率的特点，生产高品质奶酪，并可作为杂交改良本地牛，提高乳肉综合生产性能的父本品种。

瑞士褐牛

瑞士褐牛是乳肉兼用牛品种。原产于瑞士阿尔卑斯山区，主要分布在瓦莱斯地区。19 世纪 80 年代，由当地的短角牛在良好的饲养管理条件下，经过长时间选种选配而育成，因其毛发大部分为褐色而得名。在瑞士于 1879 年开始良种登记，1888 年成立品种协会。1869 年引入美国，1880 年成立品种协会，1911 年 5 月开始性能登记。在美国，已育成产奶量仅次于黑白花牛的乳用型牛，是世界上主要的乳用品种之一。加拿大、德国、波兰、奥地利等国均有饲养。

瑞士褐牛被毛为褐色，由浅褐、灰褐至深褐色，鼻镜四周有一浅色或白色带，鼻、舌、角尖、尾帚及蹄为黑色。头宽短，额稍凹陷，颈短粗，垂皮不发达。胸深，背线平直，尻宽而平，四肢粗壮结实。乳房匀称，发育良好。成年体重公牛为 1000 千克，母牛 500 ～ 550 千克。年产奶量 2500 ～ 3800 千克，乳脂率 3.2% ～ 3.9%；18 月龄活重可达 485 千克，屠宰率 50% ～ 60%。性成熟较晚，一般 2 岁才配种。

 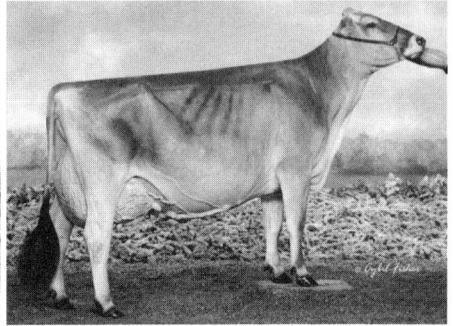

瑞士褐牛（公）　　　　　　　　　瑞士褐牛（母）

瑞士褐牛耐粗饲，适应性能良好，乳用型明显，适合机器挤奶，遗传稳定，很多地区均可饲养，抗病力强，饲料报酬率高。耐热性能较黑白花牛强，遗传性稳定，因此被亚热带的许多国家引入，除纯种繁育外，用其改良当地牛，并育成一些新品种，如苏联的科斯特罗姆牛、列别金牛，意大利的撒丁褐牛和中国的新疆褐牛等。

辛布拉牛

辛布拉牛是肉用牛品种。

◆ 简史

辛布拉牛是西门塔尔牛与婆罗门牛的杂交后裔，它的两个亲本进化发展有很大的不同。来自中欧的西门塔尔牛，适应漫长的寒冷冬季。婆罗门牛作为瘤牛优秀品种，起源于印度炎热、潮湿、疾病和寄生虫滋生的环境。20 世纪 60 年代，美国墨西哥湾沿岸地区的牧民将世界上数量最多的两个品种婆罗门牛和西门塔尔牛进行杂交，育成了辛布拉牛，含有 62.5% 的西门塔尔牛血统和 37.5% 的婆罗门牛血统。1977 年，第一头辛布拉牛被美国西门塔尔牛协会注册。

◆ 产地、主产区和分布

辛布拉牛的主产区在美国。最初在美国南部炎热潮湿的墨西哥湾沿岸地区，后陆续被引入美国的西北和东北地区，数量也急剧增加。现美国各地都有生产，并逐步向中部和东部地区扩张。尽管引入婆罗门牛血统改良的肉牛品种很多，如圣赫特鲁迪斯牛、布兰格斯牛等，但辛布拉牛在美国一直是最受欢迎的品种之一。辛布拉牛在南非、纳米比亚和博茨瓦纳的注册、性能测试和管理由位于南非的西门塔尔牛与辛布拉牛养牛协会负责。

◆ 形态特征和生产性能

辛布拉牛是典型的中大型牛品种。体格高大，身躯深长，背宽，后躯饱满。头额部不很宽，颈短，公牛有肩峰，母牛肩峰不明显或很小。耳长而下垂，垂皮发达，四肢轮廓清晰，端正，蹄质良好。毛色自浅灰到深红不等，头部白色或白顶，经常有深色眼圈和嘴圈。辛布拉牛在颈部和肚脐部位有更松弛的皮肤，增加的表面积体现了其对炎热气候的适应能力。成年公牛体重 800 ～ 1100 千克，最高达 1400 千克。成年母牛体重 500 ～ 680 千克。发育阶段平均日增重为 1.1 千克，420 日龄时活重达 460 千克以上，屠宰率 61%，腔油含量只有 3.1%，净肉率 51%；肉质受欧洲牛血统影响而比较鲜嫩。性成熟在 14 ～ 15 月龄，比西门塔尔牛的早；公、母牛初配年龄均为 2 岁左右，有的母牛能在 15 岁以上仍维持高产。

◆ 特点

辛布拉牛具有西门塔尔牛性成熟早、生育力强、泌乳能力强、生长快、肉质好、性格温驯以及婆罗门牛耐热、抗病性强、产犊容易、长寿等杂种优势。

◆ 用途

辛布拉牛是商业化奶牛最常用的杂交优选品种，能显著增加产肉性能，提升产量等级和肋眼大小，是中国南方可用的杂交用品种。

西门塔尔牛

西门塔尔牛是大型乳肉兼用牛品种。

◆ 简史

西门塔尔牛最早形成于瑞士阿尔卑斯山的西门河谷，故名。至于西门塔尔牛究竟起源于何时，还没有一个确切的定论。据文献记载，16 世纪西门塔尔牛就已出口，1857 年瑞士首次举办了牛的展示会，当时西门塔尔牛是瑞士西门地区牛的总称。19 世纪中叶，西门塔尔牛被引入欧洲中部，经过选育，遗传性能趋于稳定。20 世纪 40 ～ 80 年代，西门塔尔牛在世界范围内迅速扩散，在许多国家形成各自的地方西门塔尔牛群，其名称也因处于不同的国家和地区而不同，多数是在 Simmental 一词前冠以本国的国名或地区名称。中国的西门塔尔牛于 2002 年正式命名为“中国西门塔尔牛”。

◆ **产地、主产区和分布**

西门塔尔牛原产于瑞士西部的阿尔卑斯山区，主要产地为西门塔尔平原和萨能平原。现广泛分布于世界各地，西门塔尔牛是仅次于荷斯坦牛的世界第二大牛品种，占瑞士全国牛只的 50%、奥地利的 63%、德国的 39%。由于培育方向不同，形成了肉用、乳用、乳肉兼用等类型，中国、欧洲主要是乳肉兼用型，美国、加拿大、阿根廷及英国等是肉用型。饲养较多的国家有捷克、斯洛伐克、匈牙利、奥地利和法国等。中国曾先后从瑞士、奥地利和德国引进西门塔尔牛来改良黄牛。

◆ **形态特征和生产性能**

西门塔尔牛毛色多为红白花、黄白花，肩部和腰部有条状大片白毛；头白色，前胸、腹下，尾帚和四肢下部为白色，在北美地区的部分西门塔尔牛种群为纯黑色。属大体形宽额牛种，体躯深，发育良好，硕长。头大、额宽、颈短、角细致；骨骼坚实，背腰长宽而平直，肋骨开张，胸部宽深，圆长而平；四肢粗壮，大腿肌肉丰满；臀部

西门塔尔牛

肌肉深而充实，多呈圆形，尻部宽平；乳房发育中等，泌乳力强。乳肉兼用型牛体形稍紧凑，肉用型体格粗壮。原产地犊牛初生重公牛 45～47 千克，母牛 42～44 千克；周岁体重可达 450 千克；成年体重公牛 1000～1300 千克，母牛 650～700 千克。引入中国饲养后，公犊

平均初生重 40 千克，母犊 37 千克；18 月龄时的体重可达 400 ～ 480 千克。成年体重公牛 1000 ～ 1300 千克，母牛 600 ～ 800 千克。

◆ **特点**

西门塔尔牛适应性强，耐粗放饲养管理，易放牧；不仅具有良好的肉用、乳用特性，而且挽力大，役用性能好，适于在多种不同地貌和生态环境地区饲养；生长速度快。犊牛在放牧肥育条件下的平均日增重可达到 0.8 千克；在舍饲条件下可达到 1.0 千克，1.5 岁时体重为 440 ～ 480 千克。公牛肥育后的屠宰率达 60% ～ 63%；肥育至 500 千克的小公牛，日增重可达到 0.9 ～ 1.0 千克，净肉率达 57%。母牛在半肥育条件下的屠宰率为 53% ～ 55%。产奶性能较高，德国西门塔尔牛全群平均产奶量 6500 千克左右，乳脂率 3.9% ～ 4.1%，乳蛋白率 3.2% ～ 3.4%。

◆ **用途**

西门塔尔牛在中国主要是作为杂交父系使用，对改良中国的地方品种效果明显。在内蒙古自治区东部、新疆维吾尔自治区南部、山西中部及山东、河南、河北等省的部分地区，西门塔尔牛养殖业已成为发展地方经济的支柱产业。

槟榔江水牛

槟榔江水牛是中国唯一的河流型水牛品种。又称嘎拉水牛。中心产区位于云南省腾冲市槟榔江上游，主要分布于猴桥、中和、荷花、明光、滇滩等乡镇，全市均有零星分布。

槟榔江水牛体质结实，结构匀称，母牛后躯发达，侧视楔形，中度大小。被毛稀短，皮薄油亮，皮肤黝黑，被毛以黑色为主，大腿内侧、腹下毛色淡化，未成年个体部分毛尖呈现棕褐色；约20%有"白袜子"现象。少量个体白额、白尾帚。头长窄；额凸，额部无长毛；鼻平直，鼻镜眼睑黑色；耳壳薄，耳端尖，平伸；角基扁，角形螺旋形、小圆形，也有大圆环及前弯角，黑色、螺旋形居多，约50%；颈细，长短适中，水平颈，鹿颈形。无肩峰、颈垂和脐垂，胸垂大小与营养状况呈正相关。头颈、颈肩背、背腰、腰尻结合良好，背腰平直，胸宽适中，良腹，斜尻。母牛乳静脉明显，盆状乳房，呈黑褐色，"白袜子"个体乳房粉红色；尾至后管，部分到飞节，尾帚毛密中度；蹄质坚实、黑色；肢势良好。

槟榔江水牛成年体重公、母牛分别约为509.3千克和441.2千克。母牛一个泌乳期平均泌乳天数为269天，泌乳期平均泌乳量2452.2千克；母牛一般30月龄性成熟，36月龄第一次配种，妊娠期310天，犊牛初生重约34.6千克。成年公、母牛屠宰率分别约为44.4%和41.3%，净肉率分别约为33.4%和30.3%，肌肉含水量分别约为77.1%和77.0%，粗蛋白含量分别约为18.3%和18.3%。全脂乳中含全乳固体16.73%，粗蛋白4.05%，乳脂率6.73%。

陕南水牛

陕南水牛是沼泽型水牛品种。原产于陕西省南部的汉中、安康盆地，主要分布于汉中市的西乡县、勉县、城固县、宁强县、南郑区、洋县及安康市的汉阴县、汉滨区、石泉县、平利县等地，盆地周围的镇巴、宁陕、留坝亦有少量分布。

陕南水牛体形中等，基础色灰色占 69.4%，黑色占 29.4%，全身白毛者仅占 1.2%；体躯腹面及四肢内侧皮肤粉红色，毛色灰白，且稍细密；无白带、白头、白背和白花。头长额窄，嘴方宽，鼻镜黑，耳宽短，角底部粗，呈扁平四棱形，平行伸向后弯成箩筐状，多为小圆环，眼眶凸出，眼圆大；颈细长，胸宽深，无颈垂和胸垂。体躯粗重，矮壮，身短腹大而圆，鬐甲显露，无肩峰，背腰宽平而短，腹圆大，无脐垂，尻宽广稍倾斜。四肢粗壮而短，四肢下端多见"白袜子"，蹄色黑而钝圆；尾短小附着高，长不过飞节，尾帚呈灰黑色。

陕南水牛成年体重公、母牛分别约为 468.7 千克和 487.1 千克。母牛一般 25 月龄性成熟，28 月龄第一次配种，妊娠期 325.9 天；犊牛初生重约 22.5 千克。成年公、母牛屠宰率分别约为 49.2% 和 48.6%，净肉率分别约为 34.3% 和 34.5%，肌肉含水量约 75%，粗蛋白含量约 20%。

盐津水牛

盐津水牛是沼泽型水牛品种。原产于云南省昭通市，主产区位于昭通的镇雄、盐津、水富、威信、昭阳、巧家六县、市、区，其次是绥江、彝良、鲁甸、永善和大关等地。从海拔 267 米的江边河谷到海拔 2200 米的坝区均有分布。

盐津水牛体质结实，被毛稀短，少数有额部长毛；毛色以青色、青灰色、灰色为主，深黄褐和浅黄褐色次之，极个别全白色。两内眼角、耳内、嘴唇、四肢肘关节以下等毛色较淡，多呈浅灰色或灰白色；颈下及胸前有白纹；肤色为程度不一的灰色，白色水牛可见皮肤为肉红色，多数有"白胸月"，无"白袜子"；鼻镜、眼睑、乳房为粉、黑褐色。头大小适中，短宽面平，额宽稍隆起；眼大而有神，耳大平伸灵活，嘴大而方；角圆弧形，灰黑色，较粗平，向外、向内、向后弯曲呈龙门角、大圆环、小圆环等。头颈结合良好，宽窄适中，公牛颈稍粗短，母牛颈稍细长；鬐甲高度适中，宽窄适当；有胸垂，较小；胸宽、深，肋骨弓张良好；腰平直，短而紧凑，十字部宽窄适中；臀部倾斜，尻部短、斜、圆，长短宽窄中等；尾短至飞节，尾帚、尾梢黑色；少数有肩峰、脐垂，但比较小；蹄角呈黑褐色或黑褐条斑。四肢粗壮、端正，坚实有力；前肢开张而直，后肢弯曲，飞节稍内靠；蹄质坚硬，圆大宽，灰黑色。

盐津水牛成年体重公、母牛分别约为409.7千克和367.2千克。母牛一般18月龄性成熟，24～30月龄第一次配种，妊娠期320～348天；犊牛初生重约25千克。成年公、母牛屠宰率分别约为46.4%和46.8%，净肉率分别约为38.2%和39.2%。

滇东南水牛

滇东南水牛是沼泽型水牛品种。又称红河水牛。主要分布于云南省红河哈尼族彝族自治州的建水县、金平苗族瑶族傣族自治县、元阳县、弥勒市、蒙自市、绿春县、石屏县、开远市、泸西县、个旧市、红河县、屏边苗族自治县、河口瑶族自治县等地。

滇东南水牛被毛稀疏而短，毛色以瓦灰色为主，其次为白色；瓦灰色的牛均有白色或灰色的"V"形颈纹和胸纹，白色的牛无"白胸月"，四肢下部多为"白袜子"。头大小适中，公牛头较粗重，母牛头略窄长。

额宽、头较长，鼻梁短，眼大有神，鼻镜、眼睑为黑色；耳生于角基后方，耳厚、耳端尖，竖直或平伸；角基为方棱形，到角尖逐渐形成圆形，双角，多为小圆环，颜色为黑褐色或灰褐色。公牛颈粗短，母牛颈细长；颈肩、肩背结合良好，大多无肩峰，少数有小肩峰；胸较宽且深、体躯较长，背腰平直，高度适中，肋骨拱圆，腹大而圆；尻长中等，斜尻或少部分平尻；尾帚小，尾长、尾尖到飞节以下，尾梢色较浓；无颈垂、胸垂、脐垂，或不明显。四肢端正，粗壮结实，筋腱明显，前肢开阔直立，后肢稍微弯曲，系短有力；蹄质坚实，蹄大而圆，多为黑褐色。

滇东南水牛成年体重公、母牛分别为 458.3 千克和 371.3 千克。母牛一般 18 ～ 30 月龄性成熟，36 ～ 48 月龄第一次配种，妊娠期 285 ～ 320 天；犊牛初生重 20 ～ 30 千克。屠宰率约 44.3%，净肉率约 33.5%，肌肉含水量约 73.4%，粗蛋白含量约 25.9%。

德宏水牛

德宏水牛是沼泽型水牛品种。主产区位于云南省德宏傣族景颇族自治州的盈江县、芒市、陇川县、梁河县、瑞丽市等地，临沧、保山、大理等地区也有分布。

德宏水牛体躯高大、结实，骨骼粗壮，结构匀称，属大型沼泽型水牛。被毛稀疏，毛短，有位置不定的旋毛；毛色有黑、瓦灰（共94%）及白色（6%）三种；黑色和瓦灰色牛的四肢下部毛为白色或淡黄色，腹部及四腿内侧毛色较浅，在喉部正下方和胸前方有白色或灰色的"V"形颈纹和胸纹，尾梢颜色为黑色和褐色；黑色牛的皮肤黑色、发亮；瓦灰色牛的皮肤多为浅灰色（石板青）；白毛牛皮肤为粉红色，但有数量不等、大小形状不同的黑斑。头大小适中，分直头、兔头两种；额宽；嘴宽大；眼大有神，眼睑黑色；鼻孔大，鼻镜黑色；耳生于角基后方，大小中等，平伸，耳内着生白色长毛，耳尖、耳朵薄；角基为方楞形，到角尖逐渐成圆形，角向两侧向后、向内弯曲成半弧形（新月形），角长短、角幅大小不同，分为簸箕角、箩筛角、排角；母牛角较细，角色多为深灰色。公牛颈粗短，母牛较细长，颈肩、肩背结合良好。胸宽且深，鬐甲高于荐高，背腰平直，长短适中，肋骨拱圆，腹大而圆；尻长中等，斜尻（少数平尻）；尾根粗大，着生处高，尾尖直达飞节；四肢端正，粗壮稍短，筋腱明显；前肢开阔直立，后肢稍弯曲，系短而有力，蹄质坚实，蹄大而圆，多为黑色。

德宏水牛成年体重公、母牛分别约为 628.5 千克和 497.9 千克。母牛一般 30 月龄性成熟，36 月龄第一次配种，妊娠期 310 天；犊牛初生重约 25.5 千克。成年公、母牛屠宰率分别约为 53.5% 和 49.6%，净肉率分别约为 42.8% 和 39.2%，肌肉含水量约 72.5%，粗蛋白含量约 25.2%。

贵州水牛

贵州水牛是沼泽型水牛品种。原产于贵州，在全省均有分布，密度从东南向西北递减，可划分为黔北、黔中和黔南水牛三个类型。

贵州水牛毛色多为灰色，被毛为贴身短毛，至成年为青灰色；颈下胸前有 1～2 条白色环带，体表旋毛明显，多见于额部和肩胛部。头短宽、额宽且平，鼻面部长，角形多呈圆盘状，少数呈倒"八"字形。耳壳厚、耳端尖，耳大直立；公牛颈粗短，头颈、颈躯结合良好，肩峰不明显；母牛颈细长；体躯粗糙、紧凑、结实；鬐甲稍高，胸部宽深，背腰平直，腹圆大，尻斜；四肢粗短，后肢飞节内靠；蹄质坚实，多为碗形蹄，少数为木鱼蹄和踏蹄，蹄多为灰黑色；尾较短、尾帚小。

贵州水牛成年体重公、母牛分别约为447.4千克和433.1千克。母牛10.4月龄性成熟，32.8月龄第一次配种，妊娠期约316.5天；犊牛初生重约26.5千克。成年公牛屠宰率约53.7%，净肉率约42.6%，肌肉含水量约72.04%，粗蛋白含量约23.33%。

贵州白水牛

贵州白水牛是沼泽型水牛品种。中心产区位于贵州省北部地区凤冈县东面的石径乡、永和镇、龙泉镇，南面的何坝乡，北面的绥阳镇、土溪镇、新建镇，近邻的务川仡佬族苗族自治县、德江县、湄潭县、余庆县、绥阳县等地均有分布。

贵州白水牛全身白色有光泽，夏秋被毛稀而短，冬春致密较长，皮肤呈粉红色。头部平直，面部平整，轮廓清晰。公牛头雄壮，额较宽短，角质细致紧凑坚硬，角基较粗微扁，角尖相对较尖，角质细致紧密，角形多样，多为弯"八"字向内、向前微弯（俗称招财角）；母牛头清秀，面较长细致，角相对较短，角基圆细，角尖钝圆，向前、向上微弯曲，角质黄白微透明。耳大小适中，耳缘毛细密而长；嘴宽阔，为"红口"，口裂浅，上下唇整齐厚实，鼻梁直，鼻孔大，鼻镜宽广，多有黑点。公牛颈较粗短，头颈、颈躯结合良好；母牛颈较薄，细长，肩峰不明显；

体躯细致紧凑，鬐甲稍高，结合紧凑；公牛肩峰隆起，中躯较短，结实紧凑，背腰平直，腹圆大，胸部宽深；母牛鬐甲不明显，肩部肌肉欠发达，肋骨开张，呈弓形，背腰平直而不宽阔，长短适中，结合良好，腹圆不下垂，尻部较短，稍微倾斜；四肢细长，筋腱明显，肢势端正，蹄形端正，蹄质致密坚固，多为"木碗蹄"，呈"琥珀色"，尾至飞节，尾稍大。

贵州白水牛成年体重公、母牛分别约为 461.8 千克和 419.8 千克。母牛一般 20 月龄性成熟，32.2 月龄第一次配种，妊娠期约 315 天；犊牛初生重约 28.5 千克。屠宰率约 49.1%，净肉率约 40.9%，肌肉含水量约 69.96%，粗蛋白含量约 22.98%。

宜宾水牛

宜宾水牛是沼泽型水牛品种。主产于四川省宜宾市的宜宾县，分布于屏山县、兴文县、珙县、高县、筠连县、南溪区、江安县、长宁县、翠屏区等地。

宜宾水牛体格较小，紧凑结实，骨骼粗壮，背腰平直，前躯高于后躯。被毛为贴身短毛、稀疏，额部无长毛，无局部卷毛；基础毛色为青灰色，部分牛只胁部、大腿内侧及腹下处有淡化，有"白胸月"和"白袜子"；鼻镜颜色为褐色，眼睑、乳房为粉色；蹄角为黑褐色。头长短适中，额宽平，颜面部较长而直；耳平伸，耳壳薄，耳端较圆；角为小圆环；前躯肩峰较小，胸垂小；中后躯无脐垂，尻部短而斜，尾长至后管，尾扫较小，尾梢颜色为灰色；四肢粗壮，蹄质结实。

宜宾水牛成年体重公、母牛分别约为 537.6 千克和 464.7 千克。母牛一般 20 月龄性成熟，30 月龄第一次配种，妊娠期 324 天；犊牛初生重约 25.5 千克。成年公、母牛屠宰率分别约为 40.2% 和 43.8%，净肉率分别约为 36.6% 和 35.0%。

涪陵水牛

涪陵水牛是沼泽型水牛品种。中心产区位于重庆市南川区、涪陵区、綦江区等，长寿区、武隆区等也有分布。

涪陵水牛被毛分为两型，一是稀而短（94.7%），二是长而密（5.3%），多为褐青色，极少为白色；头颈下部和前躯毛色相对较深，肋部、大腿内侧、腹下、口围局部淡化；膝、飞节下为白色，俗称白袜子；眼角和颔各有白毛一簇，前胸、颈下皆有"白绊"一条；前额、肩胛、髋关节下部多有卷毛；鼻镜、眼睑颜色多为褐色，乳房呈粉色；蹄、角多为黑褐色。公牛头部宽广，母牛头清秀细长，长短适中；眼圆而有神，鼻梁宽，鼻孔大，口阔岔口深；公牛角大，根部楞宽，角尖向内呈大圆环、小圆环、倒"八"字或龙门形，母牛角细长，多呈小圆环、镰刀或新月形；耳平伸、耳壳薄、耳端较尖；背腰宽而平直，胸深略大于肢长；尻部短而圆，多为斜尻；尾长及飞节，少数达后管部，尾帚小。四肢结实有力，腱明显，前肢直立，后肢弯曲，飞节间距适中，蹄大而圆，质密坚韧，多为熨斗蹄。

涪陵水牛成年体重公、母牛分别约为 473.6 千克和 470.3 千克。母牛一般 24 月龄性成熟，34 月龄第一次配种，妊娠期约 321 天；犊牛初生重约 35 千克。屠宰率约为 48.2%，净肉率约为 34.5%，肌肉含水量约 67.83%，粗蛋白含量约 20.3%。

德昌水牛

德昌水牛是沼泽型水牛品种。原产地及中心产区位于四川省凉山彝族自治州安宁河流域的德昌、西昌、冕宁、会理、会东等县、市。分布于凉山全州及攀枝花市市郊各县。

德昌水牛体躯紧凑。被毛为贴身短毛、稀疏，基础毛色为灰色；胁部、大腿内侧及腹下处有淡化，有"白胸月"；鼻镜颜色为褐色，眼睑、乳房为粉色。头型为短宽型，额宽广而稍隆起，颜面部较长而直；耳平伸，耳壳薄，耳端较圆；角为大圆环；颈长短适中，肩颈结合紧凑；公牛颈较粗短，母牛稍细长；体躯紧凑，背腰平直，胸深、宽，前躯发育良好，中躯及后躯发育中等；肩峰较小，颈垂及胸垂小；无脐垂，尻部短而斜，尾长至后管，尾帚较小，尾梢颜色为灰色。四肢粗壮端正，系短而有力，蹄圆大坚实，为黑褐色。

德昌水牛成年体重公、母牛分别约为 646.7 千克和 438.6 千克。母牛一般 18 ～ 24 月龄性成熟，30 ～ 36 月龄第一次配种，妊娠期 324 天；犊牛初生重约 24.5 千克。成年公、母牛屠宰率分别约为 42.3% 和 41.5%，净肉率分别约为 34.3% 和 31.6%。

兴隆水牛

兴隆水牛是沼泽型水牛品种。中心产区位于海南省万宁市的兴隆华侨农场（今兴隆华侨旅游经济区）、国营东和农场和牛漏、礼纪、三更罗、南桥、长丰等镇、村，分布在万宁市、陵水县、三亚市、琼海市、琼中县、定安县、海口市等市、县。

兴隆水牛体形匀称，大小适中。基础毛色为黑色或黑灰色；胸前有一横行带状"白胸月"，下颌部有一条小的横行白带（白颈月）；四肢有"白袜子"；鼻镜呈黑色；乳房的皮肤呈粉色；耳壳内毛色呈白色，皮肤呈粉色；蹄角质呈不透明黑褐色；蹄冠上方指部和趾部有自背侧向腹侧延伸的黑色带。头型短宽，鼻梁短；耳平伸，耳壳薄，耳末端尖；角较长，近段的横断面接近长方形，角的根部至中部表面有车辙状角轮，向角尖逐渐变圆变尖，并略向上翘起，角轮逐渐消失，为小圆环角。眼眶圆而大，眼球稍凸出，眼睑黑灰色。无肩峰，无颈垂、胸垂、脐垂；肩、背、荐部高度基本一致；尻形短斜，尾长过跗关节，末端尾扫不大，尾梢呈黑色；四肢较细，公牛略粗。

兴隆水牛成年体重公、母牛分别约为 345.4 千克和 324.6 千克。母牛一般 24 月龄性成熟，30～36 月龄第一次配种，妊娠期约 330 天；犊牛初生重约 17 千克。成年公、母牛屠宰率分别约为 52.1% 和 54.1%，净肉率分别约为 40.1% 和 4.04%。

滨湖水牛

滨湖水牛是沼泽型水牛品种。原产地为洞庭湖畔及湘江、资江、沅江、澧水四水下游，中心产区为湖南省岳阳市的临湘市、华容县、君山区、屈原管理区、岳阳县、湘阴县、汨罗市等地，此外在常德市的澧县、鼎城区、安乡县、汉寿县、临澧县，益阳市的南县、沅江市等地及湘中、湘东、湘西部分丘陵地带有分布，在毗邻的湖北省亦有分布。

滨湖水牛毛色分灰黑色（47%）、灰色（34%）、灰白色（15%）、白色（4%）4种；被毛较稀薄，大多数个体背部为灰色，头部、中躯为灰黑色，从胸骨后端至乳房及四腿内侧、前肢膝关节以下和后肢飞节以下毛色为黑白或白色，皮肤均为灰色。头部大小适中、匀称；公牛头宽而粗，母牛头略狭长，颈稍长。鼻镜多为黑青色，润滑有光泽，鼻镜宽，鼻孔大；白毛水牛鼻镜为肉黄色，黏膜多为灰色。耳大灵活，耳壳厚，耳尖平伸；角形有龙门角、叉角、扒角、垂角等，龙门角占95%以上。前躯宽广、隆突，胛前高后低，肩峰小；胸深略大于腹深，腰背宽广；背腰长短匀称、平直，肋骨张开；臀部肌肉发达，倾斜，髋骨凸出；四肢粗壮，飞节内靠，蹄叉稍张开，也有少数为剪刀蹄形。蹄壳坚实，多为黑褐色；灰黑色毛滨湖水牛蹄、角均为黑褐色，白色毛滨湖水牛蹄、角均为粉红色；尾帚长至飞节，属中等，尾根比较粗。

滨湖水牛成年体重公、母牛分别约为730.5千克和435.3千克。母牛一般18月龄性成熟，30～36月龄第一次配种，妊娠期约316.7天，犊牛初生重约27千克。屠宰率约42.7%，净肉率约33.6%，肌肉含水量约74.5%，粗蛋白含量约15.1%。

江汉水牛

江汉水牛是沼泽型水牛品种。1959年，湖北省把分布在武汉市郊以及毗邻近地、平原湖区的水牛定名为湖区水牛，把分布在当阳市河溶、淯溪，荆门市掇刀、后港等地的水牛定名为当阳水牛。因体形外貌、生产性能、遗传特征和生态条件相似，1980 年湖北境内湖区水牛、当阳水牛，以及分布于江汉平原的滨湖水牛统一命名为江汉水牛。中心产区以荆州市为主，主要分布于湖北省江汉平原的 30 多个县、市、区。

江汉水牛体形紧凑、结实，结构匀称。皮厚毛粗，为贴身短毛，基础毛色以铁青色、青灰色为多，其次为芦毛，白毛甚少；腭部两侧有白毛簇，颈下和胸前有两条白带；四肢下端毛色淡化，多呈灰白色，呈"白袜子"状；鼻镜、眼睑呈黑色，蹄为黑褐色或黑褐条斑，尾帚黑色。头大小适中，耳平伸，耳壳薄，耳端尖；面平，额宽，鼻孔大，鼻镜宽，唇宽口大，眼大小适中；角根较粗，母牛多呈"筛盘角"，公牛多为"夌角"；颈长短适度，颈肩结合良好，公牛颈粗厚，母牛颈稍细长；肩峰明显，无颈垂、胸垂和脐垂；胸较宽深，背腰宽而略凹；腹大而圆，无卷腹；前肢正直，后肢内靠，蹄正而圆；尻部倾斜，长宽适度；尾形长，尾帚适中。

江汉水牛成年体重公、母牛分别约为 546.2 千克和 516.1 千克。母牛一般 15 ～ 18 月龄性成熟，30 ～ 36 月龄第一次配种，妊娠期 331.5 天；犊牛初生重约 33.5 千克。成年公、母牛屠宰率分别约为 55.27% 和 54.91%，净肉率分别约为 44.09% 和 44.65%。

信阳水牛

信阳水牛是沼泽型水牛品种。原产地为河南省信阳市，中心主产区位于信阳的平桥、潢川、罗山、固始、商城、光山等县、区，广泛分布于淮河两岸，周边地、县也有少量分布。

信阳水牛体形较大，体躯呈长方形，结构紧凑。基础毛色为黑色或浅灰色，被毛以深灰和灰色较多，大多数牛颈部有"白胸月"，腿部有"白袜子"。公牛头方正，粗重；母牛头清秀，眼大有神。耳壳厚，耳端尖，角基粗大，呈方形，角尖略呈圆锥形，角向后上方弯曲，呈筛形或小圆环；颈粗短，无颈垂和胸垂；前胸宽阔而深，胸部肌肉发达，肋骨弓张良好；脊腰宽广略凹，腹大、腰角粗大、突出，尻斜，后躯发育较差；无脐垂，背腰平直而宽；尻部短略倾斜；尾短，一般不过飞节；尾帚颜色灰黄色；四肢粗壮，前肢开阔，蹄圆大，黑褐色，质地致密坚实。

信阳水牛成年体重公、母牛分别约为559.1千克和529.0千克。母牛一般18～20月龄性成熟，24～36月龄第一次配种，妊娠期310～320天，犊牛初生重11～15千克。屠宰率约为47.1%，净肉率约为39.0%，肌肉含水量分别约为70.3%和72.6%，粗蛋白含量分别约为21.65%和19.07%。

峡江水牛

峡江水牛是沼泽型水牛品种。原称峡江乌牛。中心主产区在江西省峡江县的戈坪、砚溪、仁和、罗田、马埠、巴邱等乡、镇，主要分布于江西中部的吉安、吉水、永丰、新干、渝水、乐安等县、市、区。

峡江水牛体形中等偏小。被毛灰黑色，无沙毛、鬎毛、晕毛和局部卷毛，眼角及下唇有白色花点，颈部有花纹1～3条，四肢多为白色。头部窄长，鼻端宽大，眼稍凸出。成年牛角基粗大呈长方形，身后向外延伸，再向内转弯，呈小圆环状，角尖小而圆，呈黑褐色。耳较小而长、平伸，耳壳厚而尖，耳内毛长而白。公牛颈粗短，母牛颈细圆。多数有小肩峰，公牛、阉牛明显。胸宽深，无胸垂。背宽平。尾较短，不过飞节，尾根扁宽，多数毛帚大。四肢较短而粗壮，蹄大而圆。

峡江水牛成年体重公、母牛分别约为397.1千克和381.4千克。母牛一般12月龄性成熟，36月龄第一次配种，妊娠期约310天，犊牛初生重约26.5千克。成年公、母牛屠宰率分别约为47.5%和46.4%，净肉率分别约为32.4%和31.0%，粗蛋白含量分别约为21.97%和18%。

福安水牛

福安水牛是沼泽型水牛品种。主产区位于福建省福安、霞浦、宁德、罗源、古田等县、市，广泛分布于福州、漳州、龙岩等地。

福安水牛紧凑结实，基础毛色为青黑、青灰、浅褐和黑褐色等，肤色为青灰色，角为青色。头、颈、肩、股、腹和臀端体表的被毛常出现数量不一的旋纹。胸前部及颈部腹侧大多有浅色条状的"V"形颈纹和胸纹。鼻镜、眼睑黑色，乳房粉红色，蹄、尾帚黑色或黑褐色，少数蹄灰白色，腕系关节和蹄冠各有一圈明显的黑带。头适中，额微凹，耳平伸，耳端尖。一对月牙形的角向上、向后、向内，围成弧形。颈肩结合良好，无肩峰、颈垂、胸垂和脐垂，背腰宽平且短，胸部深广，肋骨开张，腹大而不下垂。尻略斜，尾不过飞节，尾帚中等。四肢粗壮而开张，少数后肢飞节略向内靠，蹄圆质坚。

福安水牛成年体重公、母牛分别约为522千克和493千克。母牛一般20月龄性成熟，30月龄左右第一次配种，妊娠期325.8天，犊牛初生重约 30 千克。成年公、母牛屠宰率分别约为 47.2% 和 46.8%，净肉率分别约为 37.9% 和 38.3%，肌肉含水量分别约为 76.3% 和 78.0%，粗蛋白含量分别约为 21.1% 和 18.3%。

江淮水牛

江淮水牛是沼泽型水牛品种。中心产区在安徽省滁州、蚌埠和合肥等地，主要分布于淮河以南、长江以北地区。

江淮水牛体形较大，四肢粗壮。被毛以青灰色、褐色为主，多数在颈胸结合处有两条较窄的横向、月牙形白色带，肩胛部和髋部有方向相反的毛旋（冬季较为明显）。头部较大，耳平伸，耳壳厚，耳内侧皮肤和毛色呈白色；颈长短适中；角长而大，角基较粗，呈方形，角尖略呈圆锥形。胸宽而深，背腰平直而宽。尾细，略超过飞节，尾梢颜色为黑褐色。

江淮水牛成年体重公、母牛分别约为 698.1 千克和 653.0 千克；母牛一般 12～18 月龄性成熟，24 月龄第一次配种，妊娠期 308 天，犊牛初生重约 30 千克；泌乳期 7～8 个月，年泌乳量 600～800 千克；成年公、母牛屠宰率分别约为 47.4% 和 46.2%，净肉率分别约为 39.1% 和 37.1%，肌肉含水量分别约为 76.8% 和 76.47%，粗蛋白含量分别约为 18.25% 和 18.14%。

东流水牛

东流水牛是沼泽型水牛品种。中心产区在安徽省沿江滨湖地区。

东流水牛中等偏大,体质结实而紧凑,骨骼粗壮,肌肉发达。毛色以青灰色为主,黑褐色次之,白色极少。角呈半圆状向前或向内弯曲,前躯壮硕,中后躯欠佳。成年体重公、母牛分别约为 550 千克和 500 千克。母牛一般 17 月龄性成熟,36 月龄左右第一次配种。成年公、母牛屠宰率分别约为 41.1% 和 43.0%,净肉率分别约为 34.7% 和 33.1%。母牛泌乳期约 291 天,年泌乳量 500 ～ 600 千克。

温州水牛

温州水牛是沼泽型水牛品种。主要产区在浙江省平阳县、瑞安市,邻近的苍南、泰顺、文成、永嘉、乐清、温州等市、县均有分布。

温州水牛体形矮壮,结构紧凑,胸部开阔,四肢适中,皮肤粗厚、富有弹性。基础毛色有棕褐色、棕黄色及棕黑色三种,以棕褐色为多。皮肤为棕褐色和青灰色,颈部腹侧靠近头部和近前胸部各有一道白色半月状毛环;两耳内廓,腹下及四肢管部有白毛(俗称白袜子)。眼大而稍凸出,角呈"八"字形,角基方形,上部圆尖,平斜向后;颈长短适中,向前平伸;肩胛紧凑,鬐甲隆起而较宽厚,前胸宽阔而深,背平直而宽广结实有力,腹大而圆(母牛略下垂),肋骨开张,背腰宽阔,十字部较背略高;尻部宽而较短、倾斜,腰角圆大而明显凸出,臀端较宽;四肢骨骼粗壮有力,前肢开阔略呈外弧,后肢飞节弯曲稍大,系部粗短、角度适中,蹄圆大、质地紧密坚实。

温州水牛 1.5 岁公牛和成年母牛体重分别约为 392.3 千克和 409.3 千克。母牛一般 30 月龄性成熟,36 月龄第一次配种,妊娠期 302 ～ 315

天，犊牛初生重约 35.5 千克。18 月龄公牛和成年母牛屠宰率分别约为 53.1% 和 46%，净肉率分别约为 42.7% 和 33.9%。

中国水牛

中国水牛是农用役畜，沼泽型水牛。广泛分布于中国南方。

根据分布地区、生态条件和体格大小，中国水牛可以分为：①滨海水牛。主要分布于东海海滨的上海市郊区与江苏省的盐城地区，有上海水牛和海子水牛等。属大型水牛。成年体重公牛 700 ～ 900 千克，母牛 500 ～ 600 千克。体长大而匀称，肌肉发达。役力强，肉用性能较好。②湖区水牛。主要分布于长江中下游平原湖区，有湖南省的滨湖水牛、湖北省的江汉水牛、江西省的鄱阳湖水牛等。数量多、分布广，体格中等。成年体重公牛 500 ～ 650 千克，母牛 450 ～ 550 千克。体躯矮壮，肌肉发达。役力强，能胜任淤泥湖田耕作。③高原水牛。主要分布于高原平坝地区，如四川省凉山彝族自治州的德昌水牛、云南省德宏傣族景颇族自治州的德宏水牛等。体格中等，成年体重公牛 500 ～ 700 千克，母牛 480 ～ 550 千克。体躯较高，适于山地放牧及河谷坝区耕作，在海拔 1800 ～ 2600 米的高原上能正常繁殖与使役。④华南水牛。主要有广东的兴隆水牛、广

中国水牛

西的西林水牛等。体格较小，成年体重公牛450～500千克，母牛350～450千克。

中国水牛一般在2岁开始调教，3岁正式使役，4～12岁使役能力最强，使役期可达12～18岁。泌乳期8～10个月。300天泌乳期产奶量500～1000千克，繁殖率30%～80%。中国为了改进水牛的乳、肉生产性能，曾先后从印度和巴基斯坦引进摩拉水牛和尼里-拉菲水牛与本地水牛杂交，其三品种杂种后代305天平均泌乳量达2400千克，屠宰率53%，役力也有增强。

中国水牛役力强，发病率低，性温驯，易调教，以耐粗、耐劳著称。

云岭牛

云岭牛是中国专门化肉牛新品种。以云南省本地黄牛为母本、婆罗门牛和墨累灰牛为父本，经过20多年杂交选育而成的肉牛新品种。遗传基础中含1/2婆罗门、1/4墨累灰和1/4云南本地黄牛血统。

云岭牛中等大小。被毛短，以黄、黑为主，少量灰色，皮肤细致紧凑。头稍小，多数无角，耳较大，横向舒张；颈中等长，垂皮发达；公牛肩峰明显，脐垂发达；母牛肩峰稍有隆起，有脐垂。背腰长，胸宽深。四肢较长，蹄质坚实，尾细长。成年体重公牛约813.1千克，母牛约517.4千克。初生重公犊约30.2千克，母犊约28.2千克；6月龄断奶重公牛约182.5千克，母牛约176.8千克；12月龄重公牛约297.1千克，母牛约285.4千克。12～24月龄平均日增重公牛1.1千克，母牛0.9千克，生长性能优越。母牛初情期为10～12月龄，初配适龄12月龄或体重在 250 千克以上，难产率 1% 以下。在全放牧条件下，一个泌乳期平均产奶量约 752 千克，在 3～4 胎时达泌乳高峰，全泌乳期产奶量 1200～1500 千克。公牛在 18 月龄或体重 300 千克以上可配种或采精。胴体性状和肉品质方面，24 月龄公、母牛屠宰率分别约为 59.6% 和 59.3%，净肉率分别约为 49.6% 和 48.6%，眼肌面积分别约为 85.2 平方厘米和 70.4 平方厘米；阉牛 30 月龄活重约 638.0 千克，屠宰率约 65.8%，净肉率约 41.1%（未包括脂肪重），眼肌面积约 85.7 平方厘米，肉骨比 4.71；高档肉块（牛柳、上脑、眼肉、西冷）占活重的 7.4%。肉质细嫩、多汁，大理石纹明显。

云岭牛能够适应温带、热带及亚热带气候环境，且在高温、高湿环境中表现出较好的繁殖能力和生长速度；耐粗饲，适宜于全放牧、放牧加补饲、全舍饲等饲养方式；对蜱虫和肠毒血症等疾病有较强的抵抗力。2014 年以来，在贵州、广西、四川、湖南等省区已得到广泛推广。

延黄牛

延黄牛是新培育的肉用牛品种。以延边牛为母本、利木赞牛为父本，经杂交合成、横交固定和群体继代选育等过程，历时 27 年培育而成。2007 年 12 月通过审定，2008 年 3 月获中国畜禽遗传资源委员会发布的畜禽新品种证书，含 75% 延边牛血统、25% 利木赞牛血统。主产区为吉林省延边朝鲜族自治州，龙井市、延吉市、图们市、珲春市为中心产区，分布于东北三省及其他北方地区。

延黄牛外貌特征与延边牛相似，体质结实，骨骼坚实，体躯较长。

颈肩结合良好，胸部宽深，背腰平直，后躯宽长而平，尻部宽长。四肢粗壮，蹄质坚实，尾细长。骨骼圆润，肌肉丰满，肉用特征明显。全身被毛黄红色（或浅红色），股间色淡。公牛头方正，额平直，角粗壮，平伸，睾丸发育良好。母牛头清秀、额平，角细圆，多为龙门角，乳房发育较好，遗传稳定。犊牛初生重28～31千克，成年公牛体重1056千克左右，体高156厘米，体长201厘米，胸围238厘米。成年母牛体重625千克左右，体高、体长及胸围分别为136厘米、165厘米、203厘米。母牛初配期13～15月龄，成年母牛泌乳量约1003千克，乳脂率4.3%左右，乳蛋白率3.7%左右。母牛繁殖年限10～13岁，公牛8～10岁。

延黄牛性情温驯、耐寒、耐粗饲、抗逆性较强，饲料报酬高，生长发育速度快，肉质好。经集中舍饲育肥的18月龄公牛，日增重0.8～1.2千克，屠宰率59%以上，净肉率48%以上，牛肉剪切力值3.6千克以下，是较好的肉用品种之一。

澳大利亚和牛

澳大利亚和牛是肉用牛新品系。主产于澳大利亚，主要分布在昆士兰州、新南威尔士州和维多利亚州。由澳大利亚安格斯牛与日本和牛于1988年杂交培育而成。第一代澳大利亚和牛是由100%血统的日本和牛和100%血统的澳大利亚安格斯牛杂交而成，称为F1代，血统中日本和牛和澳大利亚安格斯牛各占50%；然后F1代再与100%血统的日本和牛回交，产生F2代，血统中日本和牛占75%，如此继续与100%血统的日本和牛回交，F4代的澳大利亚和牛血统中日本和牛已占93.75%。

澳大利亚和牛被毛以黑色为主，少见条纹及花斑等杂色。体躯紧凑，腿细，前躯发育良好，后躯稍差。体格小，成熟晚。成年母牛体重600千克左右，公牛950千克左右，成年母牛体高约124厘米，公牛约137厘米。澳大利亚牛肉等级包括M1～M12，而澳大利亚和牛牛肉的鉴别级别是M4～M12，M12级牛肉相当于日本的A5级牛肉。阉牛经过200～250天谷饲，牛肉可达M4级，谷饲800～900天，牛肉可达M12级，平均日增重达到1.2千克，出栏胴体重可达460千克。

澳大利亚已有300家和牛育种场，优秀的生长性能促使澳大利亚和牛的基因传播至全球范围，其中美国、加拿大、中国和韩国等都曾引进澳大利亚和牛对本地牛进行品种改良。澳大利亚和牛肉也作为高端牛肉产品出口，出口量约占其牛肉产量的70%。

金色阿奎丹牛

金色阿奎丹牛是大型肉用牛品种。原产于法国西南部加仑平原到加仑山和比利牛斯山脉的广大地区，由当地三个役用黄牛高奈斯牛、格尔西牛和比利牛斯黄牛杂交选育而成，1962年育成品种正式命名并完成品种登记，1972年开始出口到世界各地，已分布于世界上40多个国家。

金色阿奎丹牛被毛草黄色到淡黄色，口、鼻、眼周围、四肢内侧、腿及尾帚部毛色淡。母牛头部清秀，长脸，公牛头部紧凑，额宽。体躯修长，后躯丰满，肌肉发达。成年公、母牛体重分别为1000～1300千克和800～1000千克，体高分别为155～165厘米和145～155厘米。初生公犊平均重45千克，母犊40千克，精养条件下周岁体重可达510

千克。屠宰率65%～70%，瘦肉率78%～87%，胴体脂肪含量低于10.5%，肉质细嫩。

金色阿奎丹牛繁殖率高，生育年限长，性情温驯，母性好。中国在20世纪70年代引进该品种胚胎用于种牛繁育，但由于胚胎数量少而没有留下种牛。2012年，中国引进该品种冻精，在山西和河北等省用于当地黄牛的肉用性能改良。

比利时蓝牛

比利时蓝牛是大型肉用牛品种。又称蓝白花牛。原产于比利时中北部地区，由本地牛与英国的短角牛杂交而来。最初作为乳肉兼用牛；20世纪50年代经过现代品种选育，成为专门化的肉用品种。

比利时蓝牛体呈圆形，肌肉发达，表现在肩、背、腰和大腿肉块隆起。头呈轻型。背部、两侧、四肢下部、尾帚多为白色，鼻镜、耳缘、尾毛多为黑色，躯体有蓝色或者黑色斑点、斑块，色斑大小变化较大，故又称蓝白花牛。尻部倾斜，肌肉丰满。成年公、母牛平均体重分别为1250千克和800千克，平均体高分别为148厘米和135厘米。初生公犊重约为46千克，母犊约42千克，周岁体重可达420千克。该品种具有双肌基因以及"肌肉生长抑制"基因突变，因此产肉量比一般牛种多30%～40%。

比利时蓝牛性情温驯，体格大、生长快、瘦肉率高、肉质好，适应性广泛，已被美国、加拿大、中国等世界上的20多个国家作为肉牛杂交的终端父本引进。

皮埃蒙特牛

皮埃蒙特牛是专门化的肉用牛品种。原产于意大利皮埃蒙特地区的兼用牛，经长期选育而成。

皮埃蒙特牛被毛具有明显的年龄和性别特征，初生犊牛为浅黄褐色，成年公牛颈部、眼圈和四肢下部为黑色，其余部分为白色，成年母牛为白色。角形为平出微前弯，角尖黑色。体格较大，体躯呈圆筒状，肌肉高度发达。成年公、母牛体重分别为 700 ～ 850 千克和 520 ～ 550 千克，体高分别为 130 ～ 135 厘米和 131 ～ 132 厘米。初生公犊重约为 41 千克，母犊约 39 千克，周岁体重可达 400 ～ 430 千克。肉用性能突出，育肥平均日增重 1.5 千克；屠宰率和瘦肉率比较高，分别达到 66% 和 84%。中国从 1986 年开始引进该品种冻精和胚胎，首先在南阳市进行胚胎移植，随后在全国范围内推广杂交一代牛，能够平均提高屠宰率 10%。

皮埃蒙特牛具有双肌基因，作为终端父本，已被世界 20 多个国家引进。

海福特牛

海福特牛是中小型肉用牛品种。原产地在英国的海福特及牛津等地区，育成于 1790 年。广泛分布于世界上 50 多个国家，饲养较多的有美国、加拿大、墨西哥、俄罗斯、澳大利亚、新西兰，以及南非等。1913年中国首次引入，1965 年后又陆续从英国引进。

海福特牛被毛红色，仅头部、颈垂、腹下、四肢下部和尾帚白色，具典型的肉用体形。成年公、母牛体重分别为 850 ~ 1100 千克和 600 ~ 700 千克，体高分别为 152 厘米和 140 厘米。初生公犊重约 34 千克，母犊约 32 千克，周岁体重可达 400 千克，一般屠宰率 60% ~ 65%。小母牛 6 月龄开始发情，18 ~ 19 月龄体重达 600 千克开始配种。分有角和无角两种；后者是在该品种输入美国后突变产生的，外形均与有角者相似。

海福特牛早熟易肥，耐粗饲，体格结实，适应性好。中国引入后主要用于改良本地黄牛，分布于东北、西北广大地区，杂交改良效果明显。

安格斯牛

安格斯牛是英国专门化中小型肉用牛品种。原产于英国的阿伯丁、安格斯和金卡丁等郡。20 世纪 70 年代后，世界大多数国家都引进饲养有该品种，致其成为世界各个肉牛业发达国家饲养牛种的当家品种。

安格斯牛属中小体形，被毛分黑色和红色两种，分别称为黑安格斯牛和红安格斯牛，其中以黑色群体数量居多。无角是该品种的显著特征，且无角性状对有角性状在遗传上为显性。体躯低矮、头小而方，额宽，体躯宽深，呈圆筒形，四肢短而直，前后裆较宽，全身肌肉丰满，具有肉牛体形的典型特征。成年体重公牛 700 ~ 900 千克，母牛 500 ~ 600 千克。成年体高公、母牛分别约为 130 厘米和 120 厘米。早熟易配，一般 12 月龄性成熟，常在 18 ~ 20 月龄

黑安格斯牛（公）

初配。产犊间隔短，连产性好，极少难产，泌乳能力较强。犊牛平均初生重 25 ～ 32 千克，哺乳期日增重 0.9 ～ 1 千克，架子牛肥育期日增重 0.9 ～ 1.5 千克。肉用性能突出，产肉量高，阉牛屠宰率一般 62% ～ 70%，胴体大理石纹明显。

安格斯牛适应性强，耐寒抗病，耐粗饲和耐谷物型精料饲养。缺点是有些个体神经质，对环境敏感，增大管理难度。

1974 ～ 2010 年，中国从英国、澳大利亚、加拿大、美国等国引进黑安格斯和红安格斯种公牛，主要分布在北方各省，用于改良中国本地黄牛的肉用性能，效果显著。2010 年以来，中国加大力度从澳大利亚、新西兰、智利和乌拉圭等国引进更多数量的纯种安格斯种牛，并分布在全国主要肉牛产区，用于提升中国肉牛种群的遗传潜力。

夏洛来牛

夏洛来牛是法国专门化大型肉用牛种。原为法国古老的大型役用品种，自 18 世纪开始向肉用方向选育，1920 年成为举世闻名的大型专门化肉用牛品种。原产于法国中西部到东南部的夏洛来省和涅夫勒地区，以生长快、肉量多、体形大、耐粗饲等特点受到国际市场的广泛欢迎，被输往世界许多国家，参与新型肉牛品种的育成、杂交繁育，

夏洛来牛

或在引入国进行纯种繁殖，成为世界主要养牛国家的主流牛种之一。

夏洛来牛头短小，角细圆，向前方伸展。被毛白色或乳白色，少数个体呈枯草黄色，全身肌肉丰满，大腿及臀部肌肉尤其发达并向后凸出而形成"双肌肉"。生长快，瘦肉多，省饲料且耐粗饲。成年体重公牛 1100 ～ 1200 千克，母牛 700 ～ 800 千克；初生体重公犊约 45 千克，母犊约 42 千克。在良好饲养条件下，6 月龄公犊可以达 250 千克，母犊 210 千克。日增重可达 1400 克。1 岁体重可达 500 千克以上。作为专门化大型肉用牛，产肉性能好，公牛屠宰率一般为 60% ～ 68%。夏洛来母牛泌乳量较高，一个泌乳期可产奶 2000 千克，乳脂率为 4.0% ～ 4.7%。

夏洛来牛有良好的适应能力，耐寒、耐旱、抗热，采食快、觅食能力强，耐粗饲，在不额外补饲条件下，也能增重上膘。缺点是与中国本地小体形母牛杂交后难产率高，公牛偶有双鬐甲和凹背出现。

自 20 世纪 60 年代开始，中国多次由法国、加拿大和澳大利亚等国引进夏洛来牛种牛、冷冻精液及胚胎，用于改良本地黄牛，并用夏洛来牛遗传资源分别在河南和辽宁与南阳牛和本地黄牛杂交，培育出了夏南牛和辽育白牛肉牛新品种。

牦 牛

牦牛是高寒地区的特有牛种。哺乳纲牛亚科牛属一种。草食性反刍家畜。主要产于中国青藏高原海拔 3000 米以上地区，亚洲中部等山区也有少量分布。适应高寒生态条件，耐粗饲、耐劳，善走陡坡险路、雪山沼泽，能游渡江河激流，有"高原之舟"之称。系由中国古羌人在藏北高原羌塘等地区驯化野牦牛而来，迄今已7300多年。野生牦牛主要分布在中国的青藏高原地区，在印度和尼泊尔也有少量分布。现代所用的"牦"字，出自《吕氏春秋》。明朝李时珍的《本草纲目》第一次把家、野牦牛分开，称野牦牛为"犎"，家牦牛为"牦"。

牦牛粗壮紧凑。头大额宽，耳小脸短。角粗，间距宽，角形开张弯曲。颈短，无垂皮；胸深而丰满，肋弓长，有

牦牛

14～15对肋骨；后躯短小狭窄，尻斜臀尖。尾短，着生低。四肢结实短矮，蹄小，蹄缘坚硬。遍体被长毛，肩、肘、胸、腹、臀、腿部毛长20～50厘米，状似围裙；头、背、腰、尻部被毛较短，长7～10厘米；尾毛帚状，长45～60厘米。肺大，心重，气管软骨环狭窄。每百毫升血液中血红蛋白含量高达13克左右，故能适应高频率呼吸和新陈代谢对氧的需要。入冬后被毛间丛生绒毛，尤以肩、背部最为显著。全身汗腺不发达，耐寒而怕热。夏季粗毛间的绒毛自上而下自动脱落。合群性好。反应和行动敏捷，嗅觉尤为灵敏。公牦牛在配种季节可寻找到数千米以外的母牦牛群，母牦牛在数十头犊牛群中能以嗅觉辨别出它的幼犊。采食能力强，在冰天雪地里能拱雪啃食低矮牧草的根茎。

中国牦牛遗传资源丰富，现有17个地方牦牛品种（遗传资源）和2个培育牦牛品种。17个地方品种（遗传资源）分别是天祝白牦牛、帕

里牦牛、九龙牦牛、中甸牦牛、甘南牦牛、西藏高山牦牛、青海高原牦牛、娘亚牦牛、麦洼牦牛、木里牦牛、斯布牦牛、巴州牦牛、金川牦牛、昌台牦牛、环湖牦牛、雪多牦牛及类乌齐牦牛，主要分布于中国青海省、西藏自治区、四川省、甘肃省、新疆维吾尔自治区和云南省。此外，在北京市、河北省及内蒙古自治区也有少量分布。2 个培育品种分别是大通牦牛和阿什旦牦牛，于 2004 年和 2019 年通过国家级新品种审定。

牦牛分夏秋和冬春两季草场游牧，多数逐水草而居，管理粗放。夏季以产犊护犊、调整牛群、阉割去势、抓绒剪毛、预防接种和药浴驱虫等为主。秋季以抓膘配种、打草储草为主。冬前淘汰屠宰，减少存栏。冬春寒冷季节停奶保胎，补饲少量干草，控制掉膘死亡。

牦牛的乳、肉是高寒牧区人民的主要食品。乳汁浓稠，香甜可口，乳脂肪球大，易加工成酥油。酥油茶和奶茶既是牧民的日常饮料，也是待客的上品。奶酪和酸奶各具特色。牦牛肉风味郁香，富含肌红蛋白，色泽鲜艳，营养丰富。牦牛绒是一种优质毛纺原料，织品挺括耐磨，有光泽，牢度强。牦牛毛是编织帐篷和衣衬的材料。尾毛更是珍品，如古人用于旗节、戈矛称"髳"，用于拂尘称"牦"，编制假发称"髦"；现代常供制剧装髯口、假发和拂尘等用，并供应国际市场。

羊

羊是偶蹄目洞角科绵羊属和山羊属的统称。草食性反刍动物。绵羊的染色体数目为 27 对，山羊的染色体数目为 30 对。

◆ 起源与演化

从羊的骨骼化石考古发现，以及解剖学研究证实，绵羊与山羊分别起源于至今还存活的野生绵羊与野生山羊的祖先，而且源于多种祖先；开始被驯化的地域较广。一般认为绵羊与山羊早在 11000 年前已进入被驯化阶段。羊的驯化历史可能早于牛而晚于猪。

◆ 生物学特性

绵羊与山羊的生物学特性有许多相似之处。它们都是草食性反刍动物，胃分 4 个室。臼齿的冠面形状与生龄相关。适应性广，适应力强，从干旱、高寒山区到湿热的平地均能正常生活。繁殖性能方面，饲养在自然条件好的地区的绵羊和山羊表现常年发情，在条件差的地区绵羊和山羊则以夏末秋季发情较为集中。发情周期 17 天左右。妊娠期 150 天左右。绵羊和山羊各自的不同品种间可以互相杂交繁殖。

◆ 品种类型

全世界有绵羊品种和遗传上具有特色的绵羊品种 600 多个，山羊品种 200 多个。根据主要用途，绵羊和山羊大致可分为：①肉用型羊。包括肉脂用型，如哈萨克羊、萨福克羊、波尔山羊等。②毛用型羊。包括绒毛用型、地毯毛用型，如美利奴羊、新疆细毛羊、林肯羊、西藏羊、安哥拉山羊、辽宁绒山羊等。③皮用型羊。包括裘皮用羊、羔皮用羊，如滩羊、湖羊、卡拉库尔羊、中卫山羊、济宁青山羊等。④乳用型羊。如萨能山羊、东弗里生羊等。

◆ 饲养管理

羊的饲养方式主要有：①放牧。这是主要方式。通常在天然草地、人工草地、林地或茬地放牧。②舍饲。将羊饲养在人工控制的环境里。这种方式可以不受不利自然条件限制，按市场需求与羊的生长特点进行饲养。③混合饲养。将放牧与舍饲两种方式结合起来的饲养方式。

绵 羊

绵羊是偶蹄目洞角科绵羊属，草食性反刍动物。

绵羊毛为毛纺工业的主要原料。皮张可用作工业原料和装饰品。野生绵羊驯化为家畜始于约 11000 年以前的新石器时代，发源地在中亚，以后逐渐向世界各地扩展。18 世纪以来，品种的发展尤为迅速。

◆ 生物学特性

体躯丰满，被毛绵密，头短。公羊多有螺旋状大角，母羊无角或角细小。颅骨上具泪窝，鼻骨较隆起。四蹄都有趾腺。体重自数十千克至百余千克不等。适于放牧，嘴尖、唇薄而灵活，利于采食短草，也能采食粗硬的秸秆、灌木。消化能力强。有的类型在尾部、臀部和内脏器官周围蓄积脂肪，供冬春青饲料缺乏时消耗。性情温驯，仿效性、合群性强，有跟随领头羊（通常是老母羊）集合成群的习性。放牧时好向高处采食，夜间也喜睡于牧地高处。耐寒，耐热，一般喜干燥怕潮湿。性怯懦，自卫能力弱，易受兽害。自然寿命约 15 岁。

◆ 类型和品种

绵羊品种有 600 多个。按尾型可分为：①细短尾羊。尾细、无明显的脂肪沉积，尾端在飞节以上，如西藏羊、罗曼诺夫羊等。②细长尾羊。

尾细，尾端达飞节以下，如新疆细毛羊、林肯羊等。③脂尾羊。脂肪在尾部积聚成垫状，形状和大小不一，尾端在飞节以上的称短脂尾羊，如小尾寒羊、蒙古羊、卡拉库尔羊等；尾端在飞节以下的称长脂尾羊，如大尾寒羊等。④肥臀羊。脂肪在臀部积聚成垫状，尾椎数少，尾短呈 W 形，如哈萨克羊、吉萨尔羊等。

按生产用途则可分为：①细毛羊。以产毛为主，约占世界绵羊品种的 10%。被毛细度都在 25 微米以内，支数不低于 60 支，毛长在 7 厘米以上，是精纺织品的优良原料。②半细毛羊。以产毛、产肉为主，被毛细度 32 ～ 58 支，长度 6 ～ 35 厘米，可用于织造精纺织品、毛线、大衣呢、工业用呢和地毯等。③粗毛羊。毛纤维混杂有细毛（绒毛）、粗毛、两型毛和死毛等，只能用以织造地毯，故又称地毯毛羊。一般肉用性能好，增膘能力强，肉质鲜美。④裘皮羊。所产裘皮具有毛穗好、皮张大、皮板轻、成品美观、结实等特点。中国的滩羊是世界上生产裘皮最好的品种。⑤羔皮羊。出生后 1 ～ 2 天内屠宰取皮用，皮毛具有美丽的卷曲和图案，富光泽。以卡拉库尔羊所产的羔皮闻名于世。中国的湖羊羔皮在国际市场上享有盛誉。⑥乳用羊。主要用于产乳。如德国的东弗里生羊。乳用羊、裘皮羊和羔皮羊均属粗毛羊品种。

◆ 繁殖

绵羊基本上是季节性繁殖动物。一般配种季节在日照缩短、气温下降的 9 ～ 11 月，在纬度较低而饲养管理较好的地方也能全年发情配种。发情持续期为 1 ～ 2 天，发情周期平均 17 天，妊娠期 142 ～ 155 天。单羔居多，双羔和 3 羔也常见。性成熟和初配年龄因品种类型和饲养管理情况而异：母羊性成熟 4 ～ 10 月龄，初配年龄为 8 ～ 12 月龄，繁殖年限 6 ～ 8 岁；公羊性成熟 5 ～ 7 月龄，初配年龄 18 ～ 20 月龄，繁殖年限 6 ～ 8 岁。杂交优势在绵羊育种上的利用较为普遍。

◆ 饲养管理

绵羊善于利用粗饲料，饲粮中粗饲料的比例可达 90% ～ 95%。蛋白质的比例宜占 10% ～ 15%。全年放牧应能获得所需蛋白质的大部分和丰富的矿物质、维生素，冬季和早春需补饲。羔羊 2 ～ 3 月龄断乳，哺乳期宜补喂精料。利用牧羊犬放牧羊群，效果既好，又可节约费用。20 世纪 60 年代以来，有些国家采用高度集约化的方法生产羔羊肉，羔羊生长快速，且饲养密度高，生产过程高度机械化和自动化，产品定型规格化，能全年均衡生产。绵羊饲养管理还包括：①断尾。即在细毛羊和半细毛羊出生 1 个月内将其尾巴断去，以防止尾巴污染粪便等，并便于交配。②去势。非种用公羔去势后性情温驯，容易育肥，且肉质细嫩而无膻味。③剪毛。一般每年五六月间剪毛 1 次，但粗毛羊可在春秋各剪 1 次。药物脱毛方法也有试用，以提高劳动生产率。剪毛或脱毛后半个月左右进行药浴，预防外部寄生虫感染。

山　羊

山羊是偶蹄目牛科山羊属反刍动物。又称夏羊、黑羊。

◆ 起源和驯化

山羊是人类最早驯化的一种家畜，可以为人类提供肉、奶、皮、毛等主要生活资料，在人类农业文明和经济发展中有着重要的作用。现代山羊是由野山羊驯化而来。野山羊变为家山羊，远在新石器时代（公元前 10000 ～前 8000 年）既已驯化。大多数学者认为，家山羊的祖先可能是普里斯卡羊、角（羱）羊、（羱）羊、塔尔羊和欧洲野羊，现代山羊的重要祖先是角（羱）羊、（羱）羊和欧洲野羊。

◆ 生物学特性

体狭、头长、颈短，角三棱形呈镰刀弯曲。颌下有须，喉下有两肉髯。尾短而上翘。被毛一般粗而直，多数为白色，亦有黑、青、褐或杂色。性情活泼，喜登高，好采食短草、灌木和树叶等。多在秋冬季节发情，也有终年发情的。

◆ 类型和品种

山羊分布地域广泛，遍及全世界，凡有饲养家畜的地方，均有山羊分布，为各种家畜中地域分布最广的一种。根据联合国粮农组织（2017）统计，全世界共有山羊 10.34 亿只，主要分布在亚洲和非洲。全世界现有的主要山羊品种和品种群 150 多个，根据生产方向分为六大类：绒用山羊、毛皮用山羊、肉用山羊、毛用山羊、奶用山羊、兼用山羊（又称普通山羊）。按饲养山羊的数量与品种，中国居第一位，印度居第二位。中国已有 20 个山羊品种列入《中国羊品种志》。

◆ 繁殖和饲养管理

山羊繁殖力强，妊娠期 140 ～ 156 天，多胎多产，多数为 2 年 3 产，每胎产羔 1 ～ 4 只或以上，多为 2 羔。优质种公羊 10 月龄可适量配种。

山羊一般怕寒耐热，适宜温度 15 ～ 25℃，畏贼风和冷雨，故须注意防寒避雨。寿命约 15 年。多以放牧饲养为主。在牧区和山区终年放牧，仅在大雪封地和母羊产羔前后补饲；在农区则多为农户分散饲养，利用河畔、路旁和其他隙地进行季节性放牧。在没有放牧条件的地方可以终年舍饲。青草季节每只每日饲喂 3 ～ 5 千克刈草；枯草季节每日饲喂 1 ～ 1.5 千克干草。种公羊、妊娠后期和哺乳的母羊酌量补饲精料。剪毛后 2 周进行药浴。不作种用的公羔出生后半个月左右去势。在中国，山羊舍饲养比例逐渐增大，特别是育肥羊多以舍饲为主，且精粗比不宜超过 6 ：4，过高的精料比例虽然可以提高日增重，但是导致过高的脂肪沉积，影响肉的品质和风味。

猪

大白猪

大白猪是呈世界型分布的瘦肉型猪种。又称大约克夏猪。

原产于英国的约克郡及其在英格兰北部的临近地区。该品种是以当地的猪种为母本，引入中国广东猪种和莱塞斯特猪杂交育成，1852 年正式确定为新品种。可分为大、中、小三型，分布最广的是大约克夏猪，在全世界猪种中占有重要地位。

中国最早在 20 世纪初引入大白猪，"国立中央大学"曾于 1936 ～ 1938 年引进大白猪与外来品种进行比较观察。20 世纪 50 年代在上海、江苏一带曾饲养过少量的大白猪，后来与中白猪混杂而绝种。

1957 年从澳大利亚引入大白猪 40 头，养在广州燕塘农场。1967 年又一次从英国引种，至 1973 年先后引入数百头，分配于华中、华东、华南等地区，经繁殖被引至全国各地。

大白猪全身被毛白色，偶有少量暗黑斑点；头大小适中，鼻面直或微凹，耳竖立；背腰平直，肢蹄健壮、前胛宽、背阔、后躯丰满；体形呈长方形；平均乳头数 7 对。

大白猪适应性强，分布广泛，具有产仔多、母性好、生长速度快、饲料利用率高、胴体瘦肉率高等特点。在国内通常采用大白猪作父本，与地方猪种杂交，有良好的利用价值。

香　猪

香猪是中国小型猪的地方品种。又称萝卜猪、珍珠猪。

因其双月断乳仔猪无乳腥味，故名。根据香猪产地、毛皮颜色不同，分为从江香猪、巫不香猪、环江香猪、剑白香猪等类群。产地位于中国云贵高原苗岭山脉向广西丘陵、岔地过渡的高山和低谷地带。中心产区位于贵州省从江县宰便、加鸠，三都水族自治县巫不，剑河县南加、南寨、久仰；广西壮族自治区环江毛南族自治县明伦、东兴、龙岩等乡镇。广泛分布于从江县加勉、刚边、加榜、光辉、秀塘、东朗，榕江县计划、八开、定威，三都水族自治县羊福、打鱼、坝街，剑河县敏洞、南明、盘溪、观么等乡镇。

香猪体格矮小而短，头大额平，有 4 ~ 6 条皱纹，嘴筒短小，耳小下垂，背长，颈短而粗，胸深而窄，背腰下凹，四肢较粗壮，被毛全黑或六白，有的类型被毛为两头乌或黑白花，乳头一般 5 对，少数 6 对。成年体重公猪 23～43 千克，母猪 55～73 千克。香猪性成熟早，小公猪 18 日龄开始嬉爬，30 日龄有精液排出，产仔数 5～6 头，最高 12 头，双月断奶窝重 24～50 千克。平均宰前体重 27.2 千克。胴体组成：瘦肉占 51.54%，脂肪占 18.08%，皮占 16.0%，骨占 14.49%。

香猪是近交不退化、基因纯合的小型猪种，母性好、护仔力强，易饲养，是加工特殊猪肉产品的优良原料，也是用作实验动物的理想猪种。从江、环江、巴马和剑河等地都已建起了加工厂，产品销往全国。另外，贵州大学新建了贵州白香猪育种场。从江县已建香猪原种场，在产区建立 8 个保种区，118 个扩繁群，以保障群体规模不断扩大。

驴

新疆驴

新疆驴是小型兼用型驴地方品种。主产于中国新疆维吾尔自治区南部塔里木周围绿洲区域的和田、喀什和阿克苏地区，以及吐鲁番和哈密等地，其中和田地区最多。根据其外形、毛色特征及分布的地理位置推测，新疆驴可能源自蒙驴，是在当地自然和社会经济条件的影响下，经过历代群众驯化和选育形成的一个历史悠久的古老品种。

新疆驴体格矮小，体质结实，结构匀称。头大干燥，头与颈长几乎相等。耳直立且长，耳壳内生有短毛。眼大明亮，鼻孔微张，口小。颈长中等，肌肉充实，颈肩结合良好。背平腰短，前胸不够宽广，胸深，肋骨开张，腹部充实而紧凑，尻短斜，四肢结实，关节明显，后肢多呈外弧或刀状肢势。系短，蹄圆小，质坚。毛色以灰色为主，黑毛、青毛、栗毛次之，其他毛色较少。

新疆驴长期在极端粗放的饲养管理条件下饲养，在农区或半农区，通常半舍饲、半放牧。有较好的挽力、驮力和速力，主要用于短途驮运。公驴、母驴12月龄左右开始有性行为，18月龄达到性成熟。公驴2～3月开始配种；母驴发情季节在3～9月，发情期持续3～6天，妊娠期350～360天。

吐鲁番驴

吐鲁番驴是大型兼用型驴地方品种。产于中国新疆维吾尔自治区吐鲁番市。中心产区在吐鲁番市的艾丁湖、恰特卡勒、二堡、三堡等乡镇。吐鲁番市毗邻的托克逊县、鄯善县和哈密市也有分布。根据现有资料记载推断，吐鲁番市饲养驴的历史至少可以追溯到东汉时期。吐鲁番市原产小型驴种，为适应农业役用和商旅驮运需要，1911～1925年引进关中驴，以本地新疆驴为母本进行杂交，培育出了一批体形较大的杂种驴，经过几十年的自然和人工选择，逐渐形成了吐鲁番驴这一良种。

吐鲁番驴体格大，体躯发育良好，体质多干燥、结实，性情温驯，有悍威。头大小适中，额宽，眼大有神，鼻孔大，耳较短。颈长适中，肌肉结实，颈肩结合良好，鬐甲宽厚。胸深且宽，胸廓发达，腹部充实而紧凑，背腰平直，腰稍长，尻宽长中等、稍斜。四肢干燥，关节发育良好，肌腱明显，肢势端正，蹄质坚实，运步轻快。尾毛短稀，末梢部较密而长。毛色以粉黑色居多,皂角黑次之。

吐鲁番驴主要产于农区和半农半牧区。农区以农户一家一户圈舍饲养为主;半农半牧区以放牧为主,有时适当补饲农作物秸秆及少量精料。常年使用的吐鲁番驴在沙石路上能单套拉车600千克重的货物;在土质路面上拉200～250块砖,日工作10～12小时。公驴性欲旺盛,约24月龄性成熟,30月龄开始配种。母驴约18月龄性成熟,24月龄开始配种,一般在春季发情,发情周期21～25天,发情期持续5天,妊娠期约360天。

和田青驴

和田青驴是兼用型驴地方品种。原名果洛驴、果拉驴。中心产区位于中国新疆维吾尔自治区最南端的和田地区皮山县乔达乡,主要分布于皮山县的木吉、木奎拉等六个乡镇,皮山县周边区域也有少量分布。和田青驴的起源,距今已有200多年的历史,青色驴的繁殖性能和产奶性能较好,通过长期选育形成了和田青驴。

和田青驴结构匀称,反应灵敏。头部紧凑,耳大直立。颈较短,颈部肌肉发育良好,颈肩结合良好。鬐甲大小适中。胸宽、深适中,腹部紧凑、微下垂,背腰平直,斜尻。四肢健壮,关节明显,肌腱分明,系长中等,蹄质坚硬。毛色均为青色,包括铁青、红青、菊花青和白青等。

和田青驴主要以农户在自家庭院舍饲为主,极少部分驴在不参加使役时牵系放牧。耐粗饲,常年以粉碎的小麦、玉米秸秆为主要饲草,夏天会饲喂少量的田间杂草。在农忙季节的母驴和在配种季的公驴,会

补饲一些玉米精料。和田青驴是当地农牧民生产、生活的主要交通运输
工具之一，以挽用为主，兼有骑乘和驮重。常年使役的驴在沙漠型土路
上，单套拉运 1000 千克重物，行进 1 千米用时 10 分钟。公驴初配年龄
为 20 月龄。母驴性成熟年龄为 18 月龄，初配年龄为 28 月龄；发情季
节一般为 3 ～ 9 月，5 ～ 6 月为发情旺季；发情周期约 21 天，妊娠期
约 360 天。

西吉驴

西吉驴是兼用型驴地方品种。中心产区位于中国宁夏回族自治区西
吉县西部山区的苏堡、田坪、马建、新营、红耀等乡镇，西吉县其他乡
镇、原州区、海原县等均有饲养。大约在 200 年前，随着产区开始开荒
种植五谷，驴的养殖量逐渐增加。当地人民非常重视种公驴的选择，西
吉驴是经过长期自选自育逐渐形成的地方良种。

西吉驴体躯较方正，体质干燥、结实，结构匀称。头稍大、略重、
为直头，眼中等大，耳大翼厚，嘴较方。颈部肌肉发育良好，头颈、颈
肩结合良好，鬐甲较短。胸宽深适中，背腰平直，腹部充实。尻略斜。
前肢肢势端正，后肢多呈轻微刀状肢势，运步轻快，系为正系。尾础较
高，尾毛长而浓密。全身被毛短密。毛色主要为黑、灰、青色。多有"三
白"特征。

西吉驴以粗料为主，饲草主要是农作物秸秆，夏季适当补饲青草。
以舍饲为主，驴舍简单，多为窑洞及棚舍。是当地农业生产和农村生活
不可缺少的役畜，主要用来驮载运输，也用于挽车、耕地、骑乘。山地

驮运，公驴、骟驴可驮 70～80 千克，母驴可驮 60～70 千克。最大载重（架子车）为 450 千克，一般拉架子车载重为 300 千克。公驴性成熟年龄平均为 28 月龄，初配年龄为 36 月龄左右。母驴性成熟年龄为 23 月龄，初配年龄为 30～36 月龄，发情季节多为 4～6 月；发情周期 20.4～21.4 天，发情期持续 5～8 天，妊娠期 360～370 天。

青海毛驴

青海毛驴是小型兼用型驴地方品种。又称尕驴。主要分布于中国青海省海东市、海南藏族自治州、海北藏族自治州、黄南藏族自治州，以及西宁市的湟中区、大通回族土族自治县、湟源县等农区和半农区。中心产区位于黄河、湟水流域，包括循化、华隆等县。青海毛驴由甘肃、中原等地引进的可能性较大，引入时间多在明、清时期。是经过长期选育逐渐形成的地方良种。青海毛驴主要以自繁自育为主，没有经过系统选育。

青海毛驴体质多为粗糙型，体格较小，体躯方正、较单薄，全身肌肉欠丰满，肌腱和韧带结实，皮厚毛粗，整体轮廓有弱感，性情温驯，气质迟钝。头稍大、略重，耳长大，耳缘厚，耳内有较多浅色绒毛。额宽，眼中等大小，嘴小，口方。颈薄、稍短，多水平颈，头颈、颈肩结合良好。鬐甲低、短而瘦窄。胸部发育欠佳，宽深不足，肋骨扁平。腹部大小适中。背腰平直而宽厚不足，结合良好。尻宽长，为斜尻，腰尻结合良好。四肢较短，骨细，关节明显。蹄小质坚。尾毛长达飞节下部，较稀，尾础较高。毛色以灰色最多，黑、栗色次之，青色最少。

青海毛驴饲养水平较低，饲养方式主要为舍饲和半舍饲两种。在沙石路上骑乘，负重 69 千克，快步行走 500 米用时 1 分 24 秒；在柏油路上骑乘，负重 54 千克，行程 16 千米用时 2 小时 25 分；在平坦路上独拉架子车，载重 236 千克，行程 16 千米用时 2 小时 59 分；还可以耕地等。青海毛驴一般 2 岁左右性成熟，母驴初配年龄为 3 岁，发情季节为 4～8 月，旺季为 5～6 月；母驴发情周期 20 天左右，发情期持续 5～6 天，妊娠期 330～350 天。

凉州驴

凉州驴是小型兼用型驴地方品种。因古时盛产于凉州而得名。中心产区位于河西走廊的中国甘肃省武威市凉州区，分布于酒泉市、张掖市。凉州驴的起源约始于西汉时期，距今已有 2000 多年的历史，驴被较多地从西域输入甘肃，经不断繁育和风土驯化形成。后因产区多引入关中驴和庆阳驴等大型驴种与本地母驴杂交，以提高其产肉、产皮性能，致使凉州驴受外血影响较大。

凉州驴头大小适中，眼大有神，鼻孔大、嘴钝而圆，耳略显大，转动灵活。颈薄、中等长。头颈、颈肩结合良好，鬐甲低而宽、长短适中。母驴胸深，肋开张良好，腹大、略下垂；公驴胸深而窄，腹充实而不下垂。背平直，体躯稍长，背腰结合紧凑。尻稍斜，肌肉厚实。四肢端正有力，骨细，关节明显。蹄小而圆，蹄质结实。尾毛较稀，尾础中等，尾短小。毛色以灰色和黑色为主，多数有背线、鹰膀及虎斑。

凉州驴对饲料不苛求，能适应粗放的饲养管理条件，具有较强的抗病力和良好的使役性能。不使役时，多以放牧为主，基本不喂精料。

春、夏、秋一般组群放牧，晚上牵回；冬季，早晨放牧，晚上补一些麦秸等。凉州驴性情温驯，持久耐劳，使役能力强。驮载可负重 50 ~ 70 千克，翻越 45°坡路，往返走 30 千米。在平坦路上独拉架子车，载重 250 ~ 300 千克。无论拉车或驮载，工作中间稍事休息、吃草和饮水，可日夜持续行走不停。公驴、母驴 3 岁性成熟，发情季节从夏初开始到秋末。母驴发情周期 19 ~ 22 天，发情期持续 3 ~ 4 天，妊娠期约 360 天。

陕北毛驴

陕北毛驴是小型兼用型驴地方品种。是分布在陕西省延安市、榆林市的小型驴的总称。主要分布在陕西榆林北部长城沿线风沙区和延安北部丘陵沟壑区。在风沙区人们以其善走沙路称滚沙驴，为沙地型；在丘陵沟壑区多叫小毛驴，为山地型。陕北毛驴是陕北地区的古老品种，据史书记载，大约从西汉张骞出使西域之后，大批驴、骡便由西域而来。陕北毛驴的元祖可能是新疆小型驴，受自然条件和草料条件的影响，以及长期混群放牧配种，未进行有计划的系统选育，最终逐步形成了耐艰苦的小型驴种。

陕北毛驴体格小，沙地型体质结实、偏粗糙；山地型体质结实、较紧凑。结构匀称，体躯呈方形。头稍大，眼较小，耳长中等，颈低平。前胸窄，背腰平直或稍凹，尻短斜，腹大小适中，但母驴和老龄驴多为草腹。四肢干燥结实，关节明显，蹄质坚硬。被毛长而密、缺乏光泽，皮厚骨粗。尾毛浓密，尾础低，尾长过飞节。毛色以黑色为主，其次为灰色，另有其他部分毛色。

陕北毛驴饲养方式较为粗放，多数为半放牧、半舍饲，少数为舍饲。

一般白天放牧、夜间补饲，上午使役、下午放牧，夏秋季全天放牧。随着退耕还林还草工作力度的加大，饲养方式有由半放牧、半舍饲转向舍饲的趋势。性情温驯，吃苦耐劳，适于骑乘、驮运、拉车、碾磨、耕地等多种劳役。因其体小灵活，可在崎岖的羊肠小道上行走，能在 40℃ 以上的山坡上劳役放牧。成年驴平均驮重 77.94 千克，最高驮重达 100 千克以上。平均最大挽力 151 千克。役用性能骟驴好于母驴，且骟驴温驯、耐粗饲。公驴 2～3 岁开始配种，母驴在 1～1.5 岁性成熟，多在 2～3 岁开始配种。发情多集中在 4～9 月，也有常年发情者，发情周期 21 天左右，发情期持续 6～7 天，妊娠期约 357 天。

佳米驴

佳米驴是中型兼用型地方驴品种。又称绥米驴、葭米驴。中心产区位于陕西省北部的佳县、米脂县及绥德县的毗连地带，以佳县乌镇、米脂县桃镇所产最佳。主要分布于佳县、米脂县、绥德县及周边的榆阳、横山、子洲、清涧、吴堡、神木等县、区。先后引种 5000 余头到山西省、内蒙古自治区、宁夏回族自治区等 20 多个省、自治区。产区饲养历史悠久。东晋义熙九年（413）后，驴不断地由新疆扩散至陕北地区落户，后经长期选育，逐渐形成体格中等、驮挽兼用、善行山路的佳米驴。

佳米驴体质多属干燥结实型，次为细致紧凑型，少量为粗糙结实型。体格中等，体躯略呈长方形，有悍威。头大小适中，眼大，额宽，耳薄而竖立，鼻孔大，口方，齿齐，颌凹宽净。颈长而宽厚，韧带结实有力，适当高举，颈肩结合良好，公驴颈粗壮。鬐甲宽厚，胸部宽深，背腰宽直，腹部充实，尻部长宽而不过斜；母驴腹部稍大，后躯发育良好。四肢端正，关节强大，肌腱明显，蹄质坚实。毛色有黑燕皮、黑四眉和白四眉。

佳米驴以农户饲养使役为主，终年舍饲，喂养精细，一般按用途或使役、性别、个体情况不同分槽饲喂。性情温驯，行动灵活，为丘陵山区的理想役畜。1.5～2岁性成熟，公驴一般3岁开始配种。母驴2.5～3岁开始配种，发情季节3～9月，发情周期22.3±1.2天，发情期持续5.3±1.8天，最长7天，妊娠342.7±10.9天。

关中驴

关中驴是大型兼用型驴地方品种。分布于陕西省关中地区，主产于陇县、陈仓区、凤翔区、千阳县、合阳县、蒲城县、大荔县、白水县等地。延安市南部几个县以及汉中市亦有少量分布。饲养历史悠久，早在先秦时期，关中地区就有驴存在；2000多年前，驴已经是重要的使役动物。由于耕作费力，促使关中驴的体躯向着大型挽用方向发展，经过长期选育，形成了关中驴这一优良品种。

关中驴体格高大，结构匀称，略呈长方形，体质结实。头大小适中，眼大有神，鼻孔大，口方，耳竖立，头颈高昂，颈较长且宽厚。前胸较宽广，肋骨开张，背腰平直，腹部充实、呈筒状，尻斜偏短。四肢端正，肌腱明显，关节干燥，韧带发达，蹄质坚实、形正。全身被毛短而细致、有光泽，尾毛较短。毛色以黑色有三白（粉鼻、粉眼、白肚皮）特征为主，少数为栗色和青色。

关中驴多舍饲饲养，一般日喂4次，定时定量。多为农户分散饲养，规模化养殖很少。适合挽、驮和产肉。载重 600 千克的胶轮车,在平缓的柏油公路上行走 1000 米、3000 米,公驴为 10 分 30 秒和 35 分 20 秒,母驴为 11 分 25 秒和 38 分 50 秒。最大挽力:公驴 241.5 千克,母驴 183.4 千克。舍饲条件下,1 ～ 1.5 岁母驴开始发情、公驴有性欲表现,2.5 岁均可开始配种。母驴发情季节性较明显,3 ～ 6 月为发情旺季;发情周期 17 ～ 26 天,平均 21 天;发情期持续 5 ～ 8 天;妊娠期约 365 天。

西藏驴

西藏驴是小型兼用型驴地方品种。又称藏驴、白朗驴。主产于西藏自治区的粮食主产区,如日喀则市的白朗、定日等县,山南市的贡嘎、乃东、桑日等县,昌都市怒江、金沙江流域的八宿、芒康等县,周边地区亦有散在分布。中心产区为白朗、贡嘎、乃东三县。西藏驴的起源,一是由非洲野驴的亚种驯化家养,经中亚、黄河流域逐渐播迁至西藏广大地区;二是由亚洲野驴亚种之一骞驴直接驯化而来。西藏驴是这两种来源的混合类型经过长期的自然选择和人工选育而形成的地方品种。

西藏驴体格小而精悍,体质结实干燥,结构紧凑,性情温驯。头大小适中,耳长中等。头颈结合良好,鬐甲平而厚实。肋骨拱圆,背腰平直。腹较圆,尻短、稍斜。四肢端正,部分后肢呈刀状姿势,关节明显,蹄质结实。毛色以灰色和黑色为主,另有少量栗毛;黑毛中粉黑毛较多。灰毛驴多具有背线和鹰膀等。

西藏驴以放牧为主。青草季节放牧于山坡、林间、田头。多上午 9 点出牧,晚上 8 点归牧。冬春季节或劳役强度较重时补饲少量青稞、豌豆等。一般无单独圈舍。以驮挽为主，兼可骑乘。驮载 100 千克，每小时行 3～4 千米；驮载 500 千克，每小时行 1～1.5 千米。成年母驴短距离运输每次驮载 30 千克，每天工作 8～9 小时。公驴 3 岁性成熟，母驴 3.5～4 岁开始配种。发情无明显季节性，发情周期 14～36 天、平均 22 天，发情期持续 5～8 天，妊娠期约 350 天。

川　驴

川驴是役肉小型兼用型驴地方品种。根据产地不同，又称阿坝驴、会理驴等。主产于四川省甘孜藏族自治州的巴塘县、阿坝藏族羌族自治州的阿坝县和凉山彝族自治州的会理县。饲养历史悠久。产区群众十分重视川驴公驴的选育，常在优秀的种公驴后代中选择初生体重较大、生长发育快、体质健壮、结构匀称、生殖器官发育正常的公驴作为后备种驴，并精心饲养管理；对母驴的选择不太严格。经过长期的选育和饲养，川驴逐渐形成。

川驴体质粗糙结实。头长、额宽，略显粗重，颈长适中，颈肩结合良好。鬐甲稍低，胸窄、较深，腹部稍大，背腰平直，多斜尻。四肢强健干燥，关节明显。蹄较小，蹄质结实。被毛厚密。毛色以灰毛为主，黑毛、栗毛次之，其他毛色较少。

川驴主要采取放牧和舍饲相结合的饲养管理方式。夏秋季节长期集中在离居民点较远的草场、轮休地上自由放牧；冬春季节放养于离居民点较近的草场或农耕地上，主要饲喂农作物秸秆，夜间各户舍饲。主要用于驮及挽。成年驴短途驮载 120～160 千克，长途驮载 50～70 千克，日行 15～20 千米。单驴驾胶轮板车载 300～500 千克，在起伏的路上日行 30 千米。公驴 1～1.5 岁性成熟，3 岁左右开始配种；母驴 1.5 岁左右性成熟，2.5～3 岁开始配种；发情季节 3～10 月；发情周期 20～30 天，发情期持续 4～7 天；妊娠期 345～365 天。

长垣驴

长垣驴是大型兼用型驴地方品种。分布于河南省北部黄河由东西转向南北的大转弯处，中心产区为长垣县，周边的封丘、延津、原阳、滑县、林州、濮阳等县、市和山东省东明县的部分地区有少量分布。饲养历史悠久，形成在宋朝以前，明朝时大发展。由于分布在相对封闭的地理环境，再加之当地劳动人民进行的培育，逐渐形成了独具特色的长垣驴品种。1949 年以后，长垣驴的发展受到了当地政府的重视。1959 年 10 月作为地方良种赴北京参加"建国十周年全国农业成果展览"，对长垣驴的发展起到了促进作用。后来长垣驴相继输出到东北三省、山西省、河北省等地。1990 年，经原全国马匹育种委员会组织鉴定，正式定名。

长垣驴体质结实干燥，结构紧凑，体躯近似正方形。头大小适中，眼大，颌凹宽，口方正，耳大直立。颈长中等，头颈紧凑。鬐甲低、短，略有隆起。前胸发育良好，胸部宽深。腹部紧凑，腰背平直，尻宽长而稍斜，中躯略短。四肢强健，蹄质坚实。尾根低，尾毛长而浓密。毛色多为黑色，眼圈、嘴鼻及下腹部为粉白色，黑白界限分明，部分为皂角黑。其他毛色极少。

长垣驴主要为舍饲，饲草要铡短，根据季节、气候淘草或加水拌料，对饲养管理条件要求不高，耐粗饲，但掉膘后不易复膘。最大挽力：公驴约为 325 千克，母驴约为 218 千克。公驴 25 月龄左右性成熟，2.5 ~ 3 岁开始配种，母驴 20 月龄左右性成熟，2 ~ 2.5 岁开始配种。母驴发情季节以 3 ~ 5 月居多；发情周期 21 天；怀驴驹妊娠期约 355 天，怀骡时妊娠期约 338 天。

德州驴

德州驴是大型兼用型驴地方品种。又称渤海驴、无棣驴。主产于山东省北部平原渤海各县，以滨州市的无棣县、沾化区、阳信县，德州市的庆云县，以及河北省沧州市的沧县、黄骅市、盐山县等地为中心产区，周边各县、区也有分布。在山东等地区的起源有 1500 多年的历史。当地群众长期养驴的经验积累和丰富的选育经验，以及重视选育和培育幼驹等，都是品种形成的重要因素。

德州驴体格高大，结构匀称，体质紧凑、结实、方正。头颈、躯干结合良好，头颈高昂，眼大嘴齐，耳立。有悍威，背腰平直，腹部充实，肋拱圆，四肢有力，关节明显，蹄圆而质坚。毛色分"粉黑"（鼻周围粉白、眼周围粉白、腹下粉白，其余毛为黑色）和"乌头"（全身毛为黑色）两种，表现出不同的体质和遗传类型。

德州驴以农户舍饲为主，多拴养、固定槽位，公、母驴分槽饲养，春、夏、秋季舍饲和放牧饲养，冬季全舍饲。最大挽力占体重的 75% ~ 78%；单套七寸步犁，沙壤地耕深 15 厘米，日耕田 0.13 ~ 0.17

公顷；单驾胶轮车载重 1000 千克，平均日行 30～40 千米。性成熟较早，12～15 月龄开始性成熟，2.5 岁开始配种，母驴发情无季节性，发情周期 22～23 天，平均 22.9 天；妊娠期约 360 天。

淮北灰驴

淮北灰驴是小型兼用型驴地方品种。中心产区在安徽省淮北市，主要分布于淮河以北，包括宿州市和阜阳市等地区。淮北灰驴的品种形成和发展与产区的自然条件和社会、政治、经济因素密切相关，已有 1000 多年的历史。由于农业机械化的发展，淮北灰驴的使役功能逐渐被替代，导致其数量急剧下降，并逐步由役用型向肉役兼用型和肉用型方向发展。

淮北灰驴体质紧凑，皮薄毛细，轮廓明显，体长略大于体高，尻高略高于体高。头较清秀，面部平直，额宽稍凸。颈薄、呈水平状，鬐甲窄、低，胸宽深不足，肋拱圆。背腰结合良好、平直。尻高、短而斜，肌肉欠丰满。四肢细而干燥，关节结实、明显，肩短而立，前膊直立、较长，后肢多呈刀状肢势，系短立，蹄小圆，质坚。尾毛稀松而短。毛色以灰色为主，具有背线和鹰膀。

淮北灰驴主要为舍饲或半舍饲。成年驴的最大挽力：公驴 151.83±11.32 千克，母驴 130.26±17.41 千克。成年驴驮载 75～95 千克，可日行 25～35 千米。公驴 1～1.5 岁性成熟，4 岁开始配种；母驴 1～2 岁性成熟，2.5～3 岁开始配种。母驴发情多集中于春、秋两季，发情周期 21～28 天，发情期持续 5～6 天，妊娠期 361～367 天。

苏北毛驴

苏北毛驴是小型兼用型驴地方品种。中心产区在江苏省连云港市、徐州市、宿迁市，主要分布于淮北平原，即苏北灌溉总渠以北的地区。养殖历史悠久，由长期繁育、选择形成。东海县等地引进关中驴等大型驴种与苏北毛驴杂交，使得苏北毛驴的血统受到外血的影响。

苏北毛驴体质较结实，结构匀称、紧凑，性情温驯。头较清秀，面部平直，额宽、稍凸，眼中等大，耳大、宽厚。颈部发育较差，薄而多呈水平，头颈、颈肩结合一般。鬐甲较高，胸多宽深不足，腹部紧凑、充实，背腰多平直、较窄。尻高、短而斜。肩短而立，四肢端正、细致干燥，关节明显，后肢股部肌肉欠发达，多呈外弧肢势，系短而立。蹄质结实。尾基较高，尾毛长度中等。毛色主要为灰、黑色，约占85.5%，其他还有青、白、栗色等。

苏北毛驴多以舍饲为主、放牧为辅，夏季割草饲喂。白天挽车使役，夜间舍饲。饲养管理较为粗放。使役性能较强，速度虽慢，但持久力较好。现多用于拉平车，短途运输。最大瞬间挽力为156.3千克。拉平车可载重200千克，日行40～50千米，连续行走5～7天。公驴18月龄性成熟，3岁开始配种；母驴初情期为8～12月龄，12～18月龄性成熟，2.5岁开始配种。母驴常年发情，春、秋季节最为明显，发情周期21～25天，发情期持续3～9天，平均6天，妊娠期331～380天。

庆阳驴

庆阳驴是中型驴地方品种。中心产区原为甘肃省庆阳市的庆阳县(今分为庆城县和西峰区）的前塬地区，全市各县、区都有分布。现中心产区为庆阳市镇原县的三岔镇、方山乡、马渠镇、殷家城乡和庆城县的太白梁乡、冰淋岔乡等地。平凉、定西、天水等地也有分布。庆阳市不断从陕西引进关中驴和当地的小型驴杂交，经过长期杂交和自群繁育，使当地小型驴的外貌逐渐改变，表现出和关中驴相似但又不同的外形。该杂种驴经过长期的自然繁殖、人工选育，形成了现在的庆阳驴品种。

庆阳驴体格粗壮结实，体躯近似正方形，结构匀称。头中等大小，眼大圆亮，耳长，颈肌厚，鬃毛短稀。胸发育良好，肋骨较拱圆，背腰平直，腹部充实。尻稍斜而不尖，肌肉发育良好。四肢肢势端正，骨量中等，关节明显，蹄大小适中，蹄质坚实。毛色以黑色为主，还有少量的青色和灰色。黑毛驴嘴周围、眼圈和腹下、四肢上部内侧，多为灰白色或淡灰色。

庆阳驴的饲养方式以舍饲为主，较少放牧。庆阳驴性情温驯，行动灵活，耐劳持久，使役性能好。日工作 7 小时，一对驴可耕作 33 公顷左右。驮载能力强，公驴驮载 90 千克左右，母驴驮载 75 千克左右，一天可行走 30 千米。性成熟较早，公驴初配年龄约为 1.5 岁，但一般 2.5～3 岁作种用；母驴初情期为 1 岁，2 岁即可产驹，但农村多在 2 岁以上才开始配种繁殖。

泌阳驴

泌阳驴是肉役兼用型驴地方品种。又称三白驴。中心产区位于河南省驻马店市的泌阳县，相邻的唐河、社旗、方城、舞钢、遂平、确山、桐柏等县、市也有分布。饲养历史悠久，驴肉清香鲜美无异味。除了肉用，泌阳驴还曾参加种公驴比赛，促进了其发展。

泌阳驴公驴富有悍威，母驴性情温驯。体质结实，体躯近似正方形。头部干燥、清秀，为直头，额微拱起，眼大，口方。耳长大、直立，耳内多有一簇白毛。颈长适中，颈肩结合良好，肩较直，肋骨开张良好。背长而直，多呈双脊背，公驴腹部紧凑充实，母驴腹大而不下垂。尻宽而略斜。四肢细长，关节干燥，肌腱明显，系短有力。蹄大而圆，蹄质结实。被毛细密，尾毛上紧下松，似炊帚样。毛色为黑色，有"三白"（粉鼻、粉眼、白肚皮）特征，黑白界限明显。

泌阳驴白天大部分时间在外自由采食，晚上在棚圈里饲喂。役用性能好，最大挽力：公驴为205千克，母驴为185千克。单驴挽小胶轮车，一般公路可载重500千克左右，日行8～10小时，可行40～50千米。驮运负重100～150千克，可日行30～40千米。长途骑乘每天行走50千米以上。性成熟较早，公驴1～1.5岁性成熟，初配年龄通常为2.5～3岁，直到4岁才正式作种用。母驴性成熟期为10～12月龄，初配年龄为2～2.5岁。全年均有发情，多集中在3～9月；发情周期18～21天，发情期持续4～7天；妊娠期约357天。

库伦驴

库伦驴是小型兼用型驴地方品种。产于内蒙古自治区通辽市库伦旗和奈曼旗的沟谷地区，其中库伦旗西北部的六家子镇、哈尔稿苏木、三道洼乡是中心产区。库伦驴形成的历史资料很少。早在300年以前，库伦旗境内就引进了一些驴，在原有地方良种的基础上，以纯繁为主，通过提纯复壮，长期选育形成了兼用型地方品种。

库伦驴体格小，结构匀称，体躯近似正方形，体质紧凑结实。性情温驯，易于调教。头略大，眼大有神，耳长、宽厚。腹大而充实，公驴前躯发达，母驴后躯及乳房发育良好。四肢干燥、强壮有力，蹄质结实。全身被毛短，尾毛稀少。毛色有黑、灰色。黑色驴尾梢多有红褐色；大多数灰驴有一条较细的背线，以及鹰膀和虎斑。基本都有"三白"（粉鼻、粉眼、白肚皮）特征。

库伦驴白天大部分时间在外自由采食，晚上在棚圈里饲喂。库伦驴在沟谷地带，骑乘速度为 10 千米 / 时，最大挽力为 146.5 千克，驮重为 100 千克，单驾小胶轮车可载重 200 ～ 250 千克。性成熟公驴为 18.4 月龄，母驴为 17.6 月龄；初配年龄公驴为 4 岁，母驴为 3.3 岁。母驴发情季节多为 4 ～ 6 月，发情周期约 21.7 天，妊娠期 358 ～ 365 天。

临县驴

临县驴是中型兼用型驴地方品种。主产于山西省临县，中心产区在西部沿黄河一带的丛罗峪、刘家会、小甲头、曲峪、克虎、第八堡、开化等乡、镇。饲养历史久远，系由陕北引入，与佳米驴有一定的血缘关系。

临县驴体质强健结实，结构匀称。头中等大，眼大有神，两耳直立，嘴短而齐，鼻孔大，头颈粗壮、高昂，鬃毛密。鬐甲较高，肩斜，胸宽，背腰平直，腹部充实。四肢结实，关节发育良好，前肢短直，管维较粗，系长短适中，蹄大而圆，蹄质坚硬。尾根粗壮，尾毛稀疏。毛色主要为黑色，灰色次之。黑毛中以粉黑毛最多，也有乌头黑。

临县驴饲养采取半舍饲、半放牧的方式，放牧时以杂草和收获后的作物秸秆为主，舍饲时补饲部分主要是干草和谷物精料。饲养管理较为粗放。临县驴承担着耕地、拉车、驮载、骑乘、拉磨和碾场等劳役。最大挽力公驴162千克，母驴161千克。公驴一般4岁开始配种，7～8岁为最佳配种期。母驴一般在15月龄左右开始发情，适宜配种年龄为3岁以后；发情旺季在3～4月，发情周期21天，发情期持续4～7天，妊娠期约360天。

晋南驴

晋南驴是大型兼用型驴地方品种。产于山西省南部的夏县、闻喜县、盐湖区、临猗县、永济市等地，以夏县、闻喜县为中心产区。起源于黄河流域，汉朝时从陕北关中地区引入。当地农民喜爱养驴，重视选种选配和驴驹培育，经过长期选育形成了晋南驴品种。

晋南驴体质紧凑、细致，皮薄毛细。体格高大，体质结实，结构匀称，体躯近似正方形，性情温驯。头部清秀、中等大，耳大且长。颈部宽厚而高昂。鬐甲明显，胸部宽深，腰背平直，尻略高而稍斜。四肢端正，关节明显，附蝉呈典型口袋状。蹄较小而结实。尾细而长，尾毛长、垂于飞节以下。毛色以黑色有"三白"（粉鼻、粉眼、白肚皮）特征为主，少数为灰色、栗色。

晋南驴常年舍饲，饲养管理比较精细，草料多样搭配，做到草短料细。在平原地区多用于挽车，进行少量耕作。最大挽力成年公驴238千克，成年母驴221千克。单驴拉小胶轮车，一般可载重700～900千克，日行30～40千米。公驴3岁开始配种，母驴8～12月龄性成熟，适宜的初配年龄是 2.5 ～ 3 岁；发情周期 22 天；妊娠期约 360 天，怀骡时妊娠期 348 ～ 368 天。

广灵驴

广灵驴是大型兼用型驴地方品种。又称广灵画眉驴。产于山西省广灵、灵丘两县，中心产区为广灵县南村镇、壶泉镇、加斗镇。饲养历史悠久，最早可能是经汾水、太原而来，长期在雁北的高寒自然环境中，经过长期选育不断发展，逐渐形成优良的抗寒驴种。

广灵驴体格高大，体躯较短，骨骼粗壮，体质结实，结构匀称，肌肉丰满。头较大，额宽，鼻梁平直，眼大微凸，耳长、两耳竖立而灵活，头颈高昂。颈肌发达、粗壮，头颈、颈肩结合良好。鬐甲宽厚、微隆。前胸开阔，胸廓深宽，腹部充实、大小适中，腰背宽广、平直、结合良好。尻宽而短斜。四肢粗壮结实，肌腱明显，前肢肢势端正，后肢多呈刀状肢势，关节发育良好，管较长，系长短适中。蹄较大而圆，蹄质坚硬，步态稳健。尾粗长，尾毛稀疏。全身被毛短而粗密。毛色以黑画眉为主，其次是青画眉，还有灰色和乌头黑。

广灵驴饲养方式以舍饲为主，农闲时进行一些野外放牧。力大持久，能挽善驮。单套土路上拉车，一般可载重 400 ～ 500 千克，日行 25 ～ 30 千米。最大挽力公驴 1101 千克，母驴 1044 千克。一般在 15 月龄左右达到性成熟，母驴 2.5 岁、公驴 3 岁以后开始配种。发情季节多在 2 ～ 9 月，其中以 3 ～ 5 月为发情旺季；发情周期 21 天，发情期持续 5 ～ 8 天，妊娠期约 365 天。

阳原驴

阳原驴是中型兼用型驴地方品种。又称桑洋驴。主产于河北省西北部的桑干河流域和洋河流域。阳原驴的确切来源已难考察。1949年以后，该地区建立了驴、骡繁殖场，不断提高阳原驴和驴骡的品质。到20世纪60年代，阳原县成为河北省驴、骡繁殖基地。

阳原驴中等大小，体质结实，结构匀称。头较大，眼大有神，鼻孔圆大，耳长灵活，额广稍凸。颈长适中，颈部肌肉发育良好，头颈和颈肩结合良好。前胸略窄，肋长、张开良好，腹部胀圆，背腰平直，尻部宽而斜。四肢紧凑结实，关节发育良好，肢势正常，系短而微斜，管部短，蹄小结实。被毛粗短、有光泽，鬃毛短而少。毛色有黑、青、灰、铜色四种，以黑色为主。

阳原驴适应性较强，具有体质强健、吃苦耐劳、耐粗饲、容易饲养、抗病力强的特性，主要采取半舍饲、半放牧的方式饲养。最大挽力公驴213千克，母驴192千克。性成熟通常在1岁左右，公驴3岁初配，母驴初配年龄2岁左右；发情多集中在3～5月；发情周期20～26天，发情期持续5～6天，妊娠期约360天。

尚未建立阳原驴保护区和保种场，处于农户自繁自养状态。在交通不便的地区，阳原驴仍是重要的驮运、农用畜力。

太行驴

太行驴是小型兼用型驴地方品种。主产于河北省太行山山区、燕山山区及毗邻地区。太行驴的起源尚无确切资料，可以推断其最早出现于西汉之后，由山西购买引入。由于太行山地区饲料资源缺乏、饲草品质差，为满足当地的山路和驮运的要求，促使当地驴向小型驴方向选育，从而逐渐形成该品种。

太行驴体格小，多呈高方形，体质结实。头大且多为直头，耳长，额宽而凸，眼大。多为直颈，肌肉发达，头颈结合和颈肩结合良好。鬐甲低、厚、窄。胸深而窄，前躯发育良好，腹部大小适中，背腰平直。四肢粗壮，关节结实，蹄小而圆，质地结实。尾毛长，毛色以灰色居多，粉黑色和乌头黑色次之。

太行驴对饲养管理要求较低，具有食量少、耐粗饲、抗病力强、性情温驯等特点，易管理，主要采取半放牧、半舍饲的方式。能够胜任驮挽等多种琐碎杂活，长途驮运 75 千克可日行 70 千米，短距离驮运最大驮重可达 100 ～ 125 千克。最大挽力成年公驴 192.7 千克，成年母驴 173.2 千克。单驴一天可磨面 50 ～ 90 千克，碾米 100 千克。公驴 14 月龄性成熟，初配年龄为 2.5 岁；母驴 12 月龄性成熟，初配年龄为 2.5 ～ 3 岁；发情多季节为 4 ～ 9 月，5 ～ 6 月为发情旺季；发情周期 20 ～ 23 天，发情期持续 5 ～ 7 天，妊娠期约 360 天。

云南驴

云南驴是小型役肉兼用型驴地方品种。中国云南省各地所产小型驴的统称。主产于云南省西部的大理白族自治州的祥云县、宾川县、弥渡县、巍山彝族回族自治县、鹤庆县、洱源县，楚雄彝族自治州的牟定县、元谋县、大姚县，丽江市的永胜县以及南部的红河哈尼族彝族自治州的石屏县、建水县等地。在云南省许多干热地区均有分布。云南驴的饲养历史悠久，传入云南的最早年代及路线难以考证，但根据史料推测是由西北和内地传入的。云南驴在产区是重要的农业生产和交通运输工具，除此之外，也是财富的象征。

云南驴体质干燥结实，结构紧凑。头较粗重，额宽且隆，眼大，耳长且大。颈较短而粗，头颈结合良好。鬐甲低而短，附着肌肉欠丰满。胸部较窄，背腰短直、结合良好，腹部充实而紧凑，尻短斜、肌肉欠丰满。四肢细长，前肢端正，后肢多外向，关节发育良好，蹄小，质坚。尾毛较稀，尾础较高。被毛厚密。毛色以灰毛为主，黑毛次之。多数驴均具有背线、鹰膀、虎斑及粉鼻、亮眼、白肚等特征。

云南驴多为终年半放牧、半舍饲，白天放牧于田野，夜间舍饲。云南驴以驮用及挽用为主，富有持久力。成年驴一般驮重 50～70 千克，可日行 30～40 千米。单驴驾胶轮车，在一般农村普通土路载重 300～500 千克，可日行 30～40 千米。产肉性能较好。公驴 18～24 月龄、母驴 18～20 月龄性成熟；初配年龄公驴、母驴均为 30～36 月龄。母驴发情季节多在 2～7 月，4～5 月为母驴配种旺季；发情周期 20～30 天，发情期持续 3～8 天；妊娠期 355～390 天。

马

温血马

温血马是世界现代马术运动用马主要品种的统称。温血马起源、育成于欧洲，一般由 3 个或 3 个以上的品种杂交育成，其中一定含有热血马（纯血马或 / 和阿拉伯马）的血统，以参加马术运动为主要目标经长期专门化培育形成。各品种的培育历史长短不一，形成过程有所差异，但共同特点是不同时期为适应不同用途而分阶段培育，育种目标与标准处于动态的发展演变过程。经历了体重较重、挽力较大、满足战争和农业用马，到培育体重相对较轻、步伐轻快、骑乘舒适、弹跳力好的运动用马。分布于世界上多个国家，主要用于马术运动、改良其他马种，也有少量仍用于农业、交通运输及军警骑乘。20 世纪后育成的温血马品种进行连续登记，定期出版登记册。中国自 1993 年开始引入温血马有关品种。

温血马体格较大，结构匀称，体质干燥结实，附有悍威，气质温和，步伐轻快，动作灵敏。头中等大，额宽，眼大有神，耳长中等，鼻孔大。颈较长，多呈鹤颈，鬐甲高、长，肩长而斜，头颈、颈肩结合良好。胸深而宽，背腰平直，长度中等，腹部充实，腰尻结合良好，多正尻，后躯肌肉发达。四肢长而干燥，关节、肌腱明显，多正肢势。系部较长，蹄中等偏大，蹄质坚实。鬃、鬣、尾毛中等长，距毛少。以骝毛、栗毛、黑毛、青毛等为主，头和四肢下部多有白章。

温血马平均体高 163 ～ 173 厘米，体重 450 ～ 600 千克，各品种外貌大体相当，少数品种稍有差异，有偏重或偏轻之别。以弹跳性能优越、动作协调轻快且优美柔顺闻名于世，是奥运会马术项目的主要参赛用马，尤以跳跃障碍和盛装舞步性能最为突出；此外，也是马车赛等项目的主要用马。

张北马

张北马是挽乘兼用型马培育品种。产于河北省张家口市的张北县、康保县、尚义县、沽源县，中心产区为张北县。

张北县原产蒙古马，自 1951 年开始引入苏高血马种公马，以改进当地蒙古马的体格、体力不足，是中国最早推行马匹改良的地区之一。至 1958 年，全县母马改良配种率达到 62%，杂交后代被省农林厅（今农业农村厅）命名为张北马。随后引入苏维埃重挽马和俄罗斯重挽马改良其体重偏轻、骨量较小的缺点，得到了兼用而偏挽用的理想型。1972 年开始进行自群繁育（横交固定），从中选择符合育种要求、遗传性能稳定的后代。横交后代外血含量一般不超过 75%，保持了良好的适应性。至 20 世纪 70 年代末期，产区四县已有杂种马 20000 匹以上，大多已达到育种指标的要求，部分被推广至黑龙江、吉林、内蒙古、河北、天津等 10 多个省、自治区、直辖市。但 20 世纪 80 年代以后，因经济政策调整，农业机械化的普及，产区养马、用马大量减少。

张北马经多年人工选育杂交和自然选择育成，充分适应坝上高原地区的自然条件和饲养条件，抗病、抗寒能力强，遗传性能稳定。体质较干燥结实，体躯粗重，结构匀称紧凑，骨骼坚实。头大小适中，额宽广，颊稍厚，耳小直立。颈较薄，长适中，颈肩结合良好。背腰平直而宽，尻较短斜，胸廓深广，腹围适中。四肢坚实、长短适中，关节明显，系短而立，蹄形稍平广，蹄质不够坚实，全身肌肉丰满，肌腱发育良好。毛色以栗毛、骝毛为主，黑毛次之；头部常有白章。

母马平均体尺（厘米）：体高 142.00±8.16，体长 147.13±3.20，

胸围 166.57±7.92，管围 18.70±1.50。挽曳能力较强，一般挽力为 300
千克，最大挽力达 410 千克，耐力持久，步伐轻快。双马胶轮车沙土路
载重 1500 ～ 2000 千克，日行 40 千米，负重后生理状况良好。性成熟
年龄公马 18 ～ 23 月龄，母马 20 ～ 24 月龄；初配年龄公马约 40 月龄，
母马约 36 月龄；一般利用年限为 15 年。母马发情季节通常在 5 ～ 7 月，
发情周期 18 ～ 24 天，持续期 3 ～ 7 天；妊娠期 330 ～ 340 天；年平均
受胎率 95%，年产驹率 75%，人工授精时受胎率为 85%。

科尔沁马

　　科尔沁马是乘挽兼用型马培育品种。因产于科尔沁草原而得名。中
心产区在内蒙古自治区通辽市科尔沁右翼后旗和科尔沁左翼中旗，科尔
沁区、奈曼旗等其他旗、县也有少量分布，原高林屯种畜场是核心培育场。

　　通辽市养马历史悠久。自1950年开始，以本地马为基础，用三河马、
顿河马、苏高血马、奥尔洛夫马、卡巴金马、阿尔登马、苏重挽马等品
种公马，采取级进杂交、复杂杂交方式进行改良。为了保持本地马适应
性强、耐粗饲料的优良特性，除三河马可级进到三代外，其他品种杂交
未超过二代，杂交两次仍达不到育种指标的，选用理想型遗传性能稳定
的公马选配横交提高。杂交一代母马体尺符合育种指标，也可横交繁育，
最终逐步培育出乘挽兼用型科尔沁马新品种。

　　科尔沁马适应性、抗病抗逆能力强，恋膘性好，母性强，有持久力，
耐粗饲，生长发育快，能够经受严寒、酷暑、风雪、蚊虻叮咬等恶劣的
自然条件。冬、春季草场被积雪覆盖，马群白天放牧，扒雪觅食枯草或

作物秸秆，也能忍受极端低温。早春期间，气候寒冷多变，幼驹生后即可随母马放牧。由于在育种过程中引入重型马血统，因此少数马表现偏重。体质干燥紧凑，结构匀称，温驯有悍威。头较清秀，为直头，有少数微半兔头。眼大有神，额宽，鼻直、鼻孔大，耳中等大小。颈肌丰满，颈肩结合良好。鬐甲高而厚，胸宽而深，肋骨拱圆，背腰平直，尻宽稍斜。四肢肢势端正、干燥结实，关节明显，蹄质坚实，运步灵活。鬃、鬣、尾毛较为稀疏。

母马平均体尺（厘米）：体高 143.55±7.34，体长 147.00±7.03，胸围 158.50±9.38，管围 18.24±1.07。套胶轮大车（滚珠轴承）载重约 1000 千克，平路挽行 20 千米，需时 2 小时 10 分。性成熟年龄公马约 20 月龄，母马约 16 月龄；初配年龄公马约 4 岁，母马约 3 岁。母马发情多在 4～8 月，发情周期 22.8 天，妊娠期约 333.3 天；年受胎率 85%～90%，年产驹率约 65%。种公马一次射精量为 80～100 毫升，精子活力在 0.6 以上，密度为 1 亿个/毫升。在 10～12℃ 温度条件下，精子存活 70 小时以上。初生重公驹约 48.41 千克，母驹约 47.88 千克；断乳重公驹约 113.76 千克，母驹约 113.04 千克。

伊吾马

伊吾马是以驮为主、驮挽乘兼用型马培育品种。又称新巴里坤马。产于新疆维吾尔自治区哈密市巴里坤草原东半部的原伊吾军马场。主要分布在伊吾军马场及巴里坤哈萨克自治县和伊吾县的部分乡场。

伊吾马是以哈萨克马为基础，导入部分伊犁马血液培育形成，即采用国内马种间互交育成。1962 年后，用伊犁马公马与哈萨克马母马杂交，或用哈萨克马公马与伊犁马母马杂交，所得后代含哈萨克马血统 75.0% ～ 87.5%，含伊犁马血液 12.5% ～ 25.0%，然后进行横交固定。伊吾马既保持了哈萨克马耐粗饲、适应性强、驮载力大、能爬山的特点，又具备了伊犁马体格大、结构匀称、前胸发达、背腰平直、骑乘速度较快的特性，较多地保留了中国地方马种的优良特点。选育措施上，除适量进行伊犁马和哈萨克马杂交繁育外，主要采用严格选择种公马和组建母马核心群进行选配，小群固定配种，加强断乳驹的饲养管理，两三岁育成马在山区放牧锻炼，并在冬、春季节进行补饲，保证选育工作取得良好效果。1984 年 7 月，全国马匹育种委员会在伊吾马场召开品种鉴定验收会，由农牧渔业部（今农业农村部）正式命名。

伊吾马体质结实，躯体粗壮，呈方形，结构协调，性情温驯，有一定的悍威。头中等大、稍干燥，多为直头，少数为半兔头。鼻孔大，眼饱满，耳短厚。颈长中等，头颈、颈肩结合良好。鬐甲宽厚，长短、高低适中。胸宽而深，背腰平直，长短适中，腹部充实。尻中等长，较宽、少斜。前肢肢势端正，后肢有刀状肢势。四肢粗壮，关节强大，系长短适中，坚强有力。蹄大小中等，体质结实，多正蹄。鬃、鬣、尾毛厚密。毛色多为骝毛，有部分栗毛、黑毛，其他毛色极少。部分马头部和四肢有白章。

母马平均体尺（厘米）：体高 137.02±5.99，体长 146.67±7.46，胸围 166.78±7.04，管围 19.00±0.83。有较强的工作性能，表现为背腰强劲、运步稳健、力速兼备。驮载 100 千克，行程 25 千米，平均用时 1 小时 23 分 42 秒。一般 15 ～ 18 月龄性成熟。公马 4 岁、母马 3 岁时开始配种，采用小群交配。公马圈群能力强、性欲旺盛，每匹公马圈配母马 12 ～ 18 匹；配种季节，每昼夜交配 3 ～ 5 次，配种受胎率高。母马发情季节为 3 ～ 7 月，发情周期 16 ～ 21 天，妊娠期 330 天左右；3 月开始产驹，4 ～ 5 月是产驹旺季；泌乳性能强、护驹性好，繁殖成活率高；年平均受胎率 85%，年产驹率 70%。公、母马利用年限一般为 14 ～ 16 年。初生重公驹约 37.1 千克，母驹约 36.8 千克。

伊吾马善走山路，吃苦耐劳，富持久力，对气候变化及各种劣质草场和饲草具有很强的适应能力。历年向外省、自治区输出，供军需民用。

渤海马

渤海马是挽乘兼用型马培育品种。主产于山东省东北部的滨州市、东营市、烟台市和潍坊市沿渤海各县、市、区，以广饶、寿光和垦利三地为中心产区。分布于产区周围各县，并被引入外省。现以东营市的利津县明集乡、垦利区胜坨镇、东营区龙居镇和蓬莱大辛店镇为主产区。

20 世纪 50 年代，为满足当地农村和国有农场农耕、运输的需要，于 1952 年开始引入外来良种公马，对当地马进行杂交改良，其形成历经三个改良育种阶段。第一阶段：1952 年，山东省农林厅从河北省察北牧场引入 10 匹轻型苏纯血公马和苏高血公马，利用人工授精方法改良本地马。第二阶段：建立良种繁育体系，利用轻、重良种公马，以复杂杂交方式，进行轮交。1956 ～ 1960 年，引入苏高血马、顿河马、阿尔登马、奥尔洛夫马和苏维埃重挽马拨给各个农场和种马场进行纯种繁育和杂交培育。到 1962 年时，产区 15 个县共拥有苏高血马、阿尔登马和苏维埃重挽马等品种公马 104 匹。1963 年，广北农场和原山东农学院在该场已进行多年改良工作的基础上，研究制订出育种计划，并付诸实施，当年利用含有贝尔修伦马血统的杂交公马与轻杂和苏杂母马杂交。

第三阶段：明确育种目标，开展横交固定。1974 年，山东省组成马匹改良效果调查组，根据对广北农场、五一农场等 4 个农场及 12 个县的马匹改良调查结果，制订出培育挽乘兼用渤海马育种方案，次年建立山东马匹育种协作组，组织产区各县和农牧场协作，联合育种。1983 年11 月，经国家马匹育种委员会鉴定通过，正式命名。

渤海马体质结实，结构匀称，性情温驯，富灵活性。颈长中等，颈肩结合良好。鬐甲明显，中等高。胸宽而深，肋拱圆，腰背平直。尻部发育良好，多正尻，偏重型马略复尻，宽长而稍斜。四肢干燥粗壮，关节明显，肢势良好，体质坚实。尾毛长且浓密。毛色以骝毛、栗毛为主，有少量青毛、黑毛；头部多有白章。

渤海马母马平均体尺（厘米）：体高 147.7，体长 153.9，胸围177.6，管围 19.8。有轻、重两种类型，前者有轻型马的气质和灵活性，后者有重型马的温驯和憨厚性。适于长途运输和驮乘，具有持久跋涉能力，曾是原济南军区军马场培育军马的主要品种之一。用相当于受测马体重 15% 的挽力单马挽车，在平坦土质公路上慢步 2000 米，用时 11分 52 秒至 14 分 3 秒，速力 2.4 ～ 2.8 米 / 秒。较早熟，性成熟年龄 1 ～ 1.5岁。公马 3 岁开始参加配种，一般可繁殖利用 6 年。母马一般饲养条件下 2 岁开始配种，良好的饲养条件下 1.5 岁开始配种；发情季节多集中在 4 ～ 8 月，发情周期 21 天，持续期 7 ～ 8 天，产后 5 ～ 12 天第一次发情；妊娠期约 330 天，一年产 1 胎或三年产两胎，年平均受胎率约 55%，终生产驹 8～10 匹。采用人工授精时母马受胎率为 70%，每匹公马配种母马为 20 匹左右。初生重公驹约 51.3 千克，母驹约 53.0 千克；断奶重公驹约 150.0 千克，母驹约 120 千克。

渤海马对产区的自然环境有良好的适应能力，耐粗饲、恋膘性强、抗病力强、挽力大、步伐轻快。随着农业机械化水平的提高，渤海马的役用功能降低，性能下降较多。

关中马

关中马是挽乘兼用型马培育品种。又称关中挽马。产于陕西省关中渭河平原，即宝鸡、渭南、咸阳三市的陇县、眉县、凤翔区、陈仓区、临渭区、合阳区、大荔县、乾县、长武县等地，以及西安市郊县，在安康市亦有少量分布。

1942 年，国民政府农林部开办了第一役马繁殖场，1946 年改组为西北役畜繁殖改良场，至中华人民共和国成立前夕，场内仅有基础母马 26 匹，品种包括焉耆马、蒙古马、青海马，以及杂种马，血统混杂。20 世纪 50 年代初，为满足关中地区农业等发展的需要，政府决定引用良种公马对当地马进行多品种复杂育成杂交，以期培育能适应当地自然条件的挽乘兼用型新马种。培育工作从陕西省柳林滩种马场开始，以此为中心扩大到全产区。从 1950 年开始，采取了先轻后重的多品种杂交方式。杂交到三代或四代杂种马时，在体尺、体形、外貌和工作能力等方面，基本上达到原定育种指标。1965 年开始，选择达到育种体尺指标、理想型的杂交种公、母马，以同质选配为主、异质选配为辅的选育方法，进行横交，使马群的体尺结构、外貌特征趋于一致，具备了力速兼备的挽乘兼用马的特点。1970年起，全部母马转入自群繁育后，采用闭锁繁育，适当进行近亲选配，逐步巩固所获得的优良遗传性状，使群体达到基本一致。核心马群的自群繁殖三个世代以上，母马群近交系数多为3.38%。马群基本保持本地马种10.9%的血统，含轻型品种马和重挽型品种马的血统分别为25.9%和63.2%，遗传比较稳定。1982年10月，由陕西省农业厅进行品种鉴定、验收，并命名。

关中马在中国农区舍饲品种中具有一定的代表性，中等大小、结构匀称、四肢健壮，具有较强的适应性，-15～38℃均表现良好，对寒冷的气候比炎热的气候更能适应，耐粗饲，繁殖率高，合群性强。体质干燥结实，结构良好，禀性温驯，有悍威。头中等大、干燥清秀，耳竖立。颈长中等、斜度适中，颈础高。体躯舒展粗实，背腰平直，多正尻、斜度适中。肩斜长，四肢正，关节发育良好，肌腱明显，蹄质坚韧。无距毛或距毛很少。毛色以栗毛、骝毛为主。

关中马母马平均体尺（厘米）：体高151.86±4.47，体长160.72±6.78，胸围184.46±9.21，管围20.32±0.93。有较好的挽力，运步轻快，富有持久力。在关山地区公路平缓路段骑乘1000米，公马用时2分0.5秒，母马用时2分16.5秒。最大挽力公马约234.5千克，母马约210.5千克。在关中地区特别是进行补饲的情况下连续行进不显疲劳。公马1.5岁性成熟，3岁开始配种。全部采用自然交配，每匹公马配种母马8～10匹。母马性成熟年龄为23.3月龄，初配年龄32.1月龄，一般利用年限

10～20 年；发情季节 2～4 月，发情周期约 19.9 天，妊娠期约 318.6 天，自然交配年平均受胎率 87%，年产驹率 80%。初生重公驹约 45.1 千克，母驹约 40.0 千克；断奶重公驹约 170.3 千克，母驹约 161.4 千克。采用人工授精，母马受胎率约 97%。

关中马早熟、骨量小，具有产肉的遗传潜力；泌乳力良好；力速兼备，重而不笨，具有发展为游乐马的良好潜质。

吉林马

吉林马是挽乘兼用型马培育品种。主要产于吉林省长春市、四平市和白城市。分布于长春市的农安县、德惠市、九台区、榆树市，四平市的公主岭市、双辽市、梨树县，白城市的镇赉县，以及松原市的前郭尔罗斯蒙古族自治县和吉林市的舒兰市、蛟河市等。

从 1950 年开始，先后主要用阿尔登马、顿河马公马与当地母马杂交，产生大批轻、重型一代杂种马。在此基础上，进行轮交和级进杂交，产生了大批轻、重轮交和重型级进二代杂种马，体格增大，役用性能显著提高，为培育吉林马奠定了基础。后由吉林省农业科学院和吉林农业大学做技术指导，主要在白城国营及乡镇的牧场，组成吉林马育种协作组，制订了统一的育种方案。从 1962 年开始，在二代杂种的群体中，选择体尺符合育种指标、理想型的公、母马，以同质选配为主、异质选配为辅的繁育方法进行横交。同时，进行严格的选择和淘汰，扩大理想型类群，使马群的特征趋于一致，具备了挽乘兼用马的特点，效果显著。经过横交固定和自群繁育，1978 年通过省级鉴定验收，宣布育成吉林马。

该新品种保持本地马 25%、轻型马 25%、重型马 50% 的血统，是几个亲本品种的融合体，遗传性能稳定，群体特点基本一致。

吉林马体质结实、干燥，性情温驯，有悍威，结构匀称。头较清秀，眼大小适中。颈长中等，呈斜颈。鬐甲较厚。肋拱圆，背腰平直且宽，尻较斜。四肢肌腱发育良好，肢势正常，少数个体后肢有轻度曲飞外向和卧系，步样开阔，运步灵活，蹄质坚实。部分个体距毛较多。毛色主要为骝毛，栗毛次之，黑毛较少。

吉林马母马平均体尺（厘米）：体高 143.9，体长 152.0，胸围 175.5，管围 20.0。工作性能较好，以体重 15% 的挽力，单马拉胶轮大车，在平坦的土道上以快慢混合步度，行进 10 千米，用时 50 分。公马 20 月龄、母马 16 月龄性成熟；初配年龄公马为 36 月龄，母马为 34 月龄。母马通常于 4 ～ 8 月发情，发情周期 12 ～ 29 天，平均 24.2 天，产后 13.6 天第一次排卵，妊娠期 330 天左右，人工授精母马受胎率为 76%，繁殖年限为 10 ～ 15 年。初生重公驹约 54.1 千克，母驹约 47.1 千克；幼驹出生时体高不低于成年马的 60%，出生后 6 月龄体高达到成年马的 85%，24 月龄的体高达到成年马的 95%，幼驹繁殖成活率约 65.4%。

吉林马适应性强、耐粗饲、繁殖力强、挽力大。在培育过程中，为了保持本地马适应性较强的优点，除有意识地保留 25% 的本地马血统外，曾充分利用了育种地区的自然条件和粗放的饲养管理条件，加强锻炼，在精料较少、终年半舍饲粗放饲养管理条件下，吉林马膘度保持较好。

铁岭挽马

铁岭挽马是挽乘兼用型马培育品种。产于辽宁省铁岭市铁岭县铁岭种畜场，曾分布于辽宁省其他各县、市。现在铁岭市经济开发区的剌沟铁岭挽马保种场进行集中保种。

1949 年开始，用盎格鲁诺尔曼系和贝尔修伦系马杂种公马进行杂交。1951 年，将全部母马改用阿尔登马种公马杂交。1958 年，大部分母马已含外血达 75% 以上，并开始横交试验。1961 年 10 月，以横交试验结果为依据，制订育种规划。1962 年，将理想型母马转入横交固定，同时为了疏宽血缘和矫正体质湿润、结构不协调的缺点，对非理想型的母马先后导入苏维埃重挽马、金州马和奥尔洛夫马的血液。1958 年由农业部（今农业农村部）正式命名。

铁岭挽马体质结实干燥，体形匀称优美，类型基本一致，性情温驯，悍威中等。头中等大，多直头，眼大、耳立、额宽，咬肌发达。颈略长于头，颈峰微隆，颈形优美。鬐甲适中，胸深宽，背腰平直，腹圆，尻正圆、略呈复尻。四肢干燥结实，关节明显，蹄质坚实，距毛少，肢势正常，步样开阔，运步灵活。毛色以骝毛、黑毛为主，栗毛很少。

铁岭挽马母马平均体尺（厘米）：体高 143.4±8.12，体长 157.6±5.47，胸围 185.3±6.02，管围 18.2±0.57。具有挽力大、运步快、持久性强的特点。最大挽力为 480 千克，相当于体重的 80%。两马拉双轮胶车，载重 2801 千克（不含车重），在稍有坡度的柏油路上，行进 10 千米，用时 41 分 12 秒。母马 1 周岁开始发情，2～2.5 周岁开始配种，发情多集中于 1～4 月，发情周期 21～23 天，发情期持续 3～7 天，产后 13 ～ 15 天第一次排卵。公马性欲旺盛，精液品质良好，一次射精量 50 毫升以上，精子密度为 2 亿个 / 毫升以上。用冷冻精液授精，母马发情期受胎率为 60% 以上。幼驹繁殖成活率约 80%，育成率约 98%。

铁岭挽马育种过程中，注意保持了本地马适应性强的特点，同时加强使役锻炼，使其有较强的适应性。在辽宁省广大农村饲养、使役条件下，能保持较好的膘情和正常的繁殖性能。在黑龙江和吉林两省半舍饲条件下，表现出较好的抗寒、耐粗饲的特性。

金州马

金州马是乘挽兼用型马地方品种。中心产区为辽宁省辽东半岛南端的大连市金州区，分布于大连市所属各区、县，辽宁省的其他市、县也曾有少量分布。

1926 年，日本在金州建立了关东种马所，以当地蒙古马为基础母马，至 1941 年期间，曾引入哈克尼马、安格鲁诺尔曼马和奥尔洛夫快步马等品种进行改良。1942 年，又引进贝尔修伦马等重型挽马，进行杂交改良，并淘汰了全部含有轻型马血液的种公马。这是金州马形成过程中的重要转折。1945 年开始，金州马的选育工作在断断续续中进行，直到 1963 年建立金州种马场，从民间选购优良的横交母马 19 匹，组成育种群，有计划地繁育优良种马，供应农村社队，并以育种场为核心，指导和带动群众性的选育工作，取得了良好的选育效果。随后，建立了金农、金生和金师 3 个品系。

金州马适应性良好，体质干燥结实，性情温驯，结构匀称，体形优美。头中等大、清秀，多直头，少数呈半兔头。额较宽，耳立，眼大明亮。颈长短适中，多呈斜颈，部分个体呈鹤颈，颈肩结合良好。鬐甲较长而高。胸宽而深，肋拱圆，背腰平直，正尻为多，肌肉丰满。四肢干燥，关节明显，管部较长，肌腱分明、富有弹性，球节大而结实，肢势端正，步样伸畅而灵活。蹄大小适中，蹄质坚韧，距毛少。毛色以骝毛最多，栗毛和黑毛较少。

金州马母马平均体尺（厘米）：体高 148±7.25，体长 151.3±6.04，胸围 127.41，管围 19.5±0.62。力速兼备。最大挽力为 371 千克，相当于体重的 82.8%。马拉双轮胶车，载重 1000 千克，在柏油马路上以慢步行进 20 千克，需时为 2 小时 59 秒。母马 10～12 月龄始发情。初配年龄公马为 3 岁，母马为 2～3 岁；利用年限公马为 10～13 年，母马为 15～18 年。母马发情配种季节为每年 4～7 月，发情周期为 21 天，发情期持续 3～7 天，妊娠期约 330.4 天；年产驹率 73%，人工授精时母马的受胎率为 75%。初生重公驹约 55.5 千克，母驹约 52.5 千克；断奶重公驹约 229 千克，母驹约 214.5 千克。

玉树马

玉树马是乘挽兼用型马地方品种。又称高原马、格吉马、格吉花马。原属于藏马的一个类群。主要分布在青海省玉树藏族自治州。中心产区在澜沧江支流——解曲、扎曲、子曲和通天河流域一带，包括杂多、囊谦、玉树和称多四县、市，治多和曲麻莱两县也有分布。

据史料记载和考古发现，玉树马起源于当地高寒山地草原马。该地区地处偏僻，社会经济基本闭锁，受外来马种的影响极小。但随着民族往来逐渐增多，尤其是吐蕃和蒙古族强盛以后，外地良马有可能引入玉树，对玉树马的形成产生一定影响。20世纪60年代，产区曾从青海省海北、海西等地调进成批马匹，多和玉树马杂交，至20世纪80年代基本停止。2005年，调查发现在产区内较偏远的牧业区，玉树马尚未受到杂交影响；在交通方便，农牧业较发达的地区，马匹多已杂交。

玉树马体格较小，偏轻，体躯略窄，骨量轻，外貌较清秀，结构较匀称。公马体躯显短，母马体躯长度中等。体质以紧凑型和粗糙型为主。性格较温驯，悍威一般。头稍重，尚干燥，多直头。耳中等长，眼中等大，颌凹较宽。颈长中等，多水平颈，母马颈较短薄，颈肩结合欠佳，较低平，宽度适中。胸较深，宽中等，背腰平直，长短适中。尻短斜。四肢较干燥，关节较强大，肌腱较明显，管骨偏细，前肢肢势略显后踏，后肢多呈外弧和刀状肢势，距毛不多。蹄中等偏小，蹄质坚实，鬃尾毛长且较丰厚。毛色以青、骝为主，兼有黑、栗、兔褐、银鬃等多种毛色。

玉树马母马平均体尺（厘米）：体高129.75±5.86，体长131.92±7.13，胸围158.76±10.14，管围17.52±0.93。登山能力强，运步灵敏，善走沼泽、草甸、山地和乱石、羊肠小道，有"马小走大"之称，适于骑乘，持久力良好，少数马能走对侧步。骑乘90千米，负重75～80千克，需13.5小时。最大挽力为240千克，最大驮重245千克。三套胶轮大车（车重500千克），最大载重1250千克，5～6小时可行40千米。采用独雄小群交配。公马2岁表现性行为，4岁性成熟，一般3～4岁参加配种，可利用到16岁。母马3岁发情，4岁初配，两年产1胎，一生可产5～7胎，可利用到 18 岁。母马发情季节在 5 月中旬至 7 月，发情周期 14 ～ 28 天，发情期持续 5 ～ 7 天；产后 14 ～ 24 天发情；流产率平均为 5.35%，幼驹繁殖成活率为 56.9%。

玉树马对产区高山、缺氧、寒冷的气候有很强的适应性，形成了耐粗放、耐艰苦、采食快、扒雪觅食能力强的特性，完全适应了青藏高原的特殊生态环境，但易患内外寄生虫病。

柴达木马

柴达木马是挽乘兼用型马地方品种。因产于柴达木盆地而得名。主产于青海省柴达木盆地境内，中心产区在柴达木盆地中东部的都兰县、乌兰县、德令哈市和格尔木市的沼泽地区，盆地西部也有少量分布。

柴达木马在发展过程中，受蒙古马影响极大，后部分地区又有新疆马渗入。在柴达木盆地及沼泽草场的气候和环境影响下，经过长期自然和人工选择，最终形成具有特点的柴达木马。1958 年以后，该产区曾引进阿尔登马、顿河马等种公马与当地母马杂交，影响较深，还曾少量引进伊犁马、大通马、河曲马。20 世纪 70 年代选育工作停止。现在农业发达地区和交通沿线马匹多已混杂。

柴达木马体格中等，体躯粗壮，四肢稍短，中躯偏长，骨量较好，结构较协调。头短粗、略显小，多直头，少数马呈楔头，盆地东部马较西部马头干燥。眼中等大，耳小翼厚，下腭嚼肌欠发达，额凹稍小，口吻部小而圆。颈短略薄，多水平颈。头颈、颈肩结合较好，少数马有开肩。鬐甲较低、短而宽，西部马较东部马鬐甲略显高长。胸深但胸宽稍差，肋骨开张良好，腹不过大，背腰平直，腰较长，背腰结合尚好。尻宽中等、较短斜，多呈圆尻，尾础较低。四肢关节发育较好，强而有力。管部短粗，骨量较大，东部马比西部马管部略显细且稍干燥。系中等长，部分马飞节和系部稍弱。前肢肢势端正，少数马略呈广踏、狭踏、内向、外向，后肢刀状、外弧、外向占有较大比例。蹄中等长、低而圆，蹄质较差，东部马多有裂蹄。鬃、鬣、尾毛长且浓密，全身被毛粗长。毛色较杂，以骝毛为主，栗、青和黑色次之，其他毛色较少。

柴达木马母马平均体尺（厘米）：体高 136.05±5.21，体长 144.05±6.77，胸围 161.29±10.46，管围 17.76±1.00。柴达木马善走沼泽地，是当地牧民的主要交通工具和农业动力。在公路上，单套拉架子车，载重 500 千克（车重未计），7 小时 30 分可行 39 千米。一般 1.5 岁后开始有性活动，3 岁性成熟。母马 3 岁开始配种，公马 4 岁可配种。繁殖年限公马 15 岁左右，母马 17 岁左右。母马发情季节在 4～8 月初，5 月下旬到 6 月为发情旺期；发情周期 21 天左右，发情期持续约 7.73 天；妊娠期 330～340 天；年平均受胎率 60%～85%，产驹率 40%～50%。

由于受产区独特的自然条件影响，柴达木马对盆地内荒漠、沼泽草场和冬季寒冷、夏季炎热、昼夜温差大、干旱少雨、日照长、枯草季节长的自然生态环境极为适应，不仅抗蚊虻、抗盐碱，而且表现较突出的恋膘能力。在全年昼夜群牧、粗放管理的条件下，柴达木马夏秋抓膘迅速、掉膘慢、上膘快，且具有皮厚毛密，体质多粗糙、疏松，皮下囤积脂肪能力好、抗病力和适应性强等特点。

永宁马

永宁马是驮挽乘兼用型马地方品种。又称永宁藏马。原产于青藏高原南延部分，现主产于云南省丽江市、迪庆藏族自治州等地，中心产区为丽江市宁蒗彝族自治县，永宁镇数量最多。

永宁马与金沙江以北的古代野马祖先及古代西藏良种马均有血缘关系，但又有别于今日的西藏马和川西甘孜马。随着古代云南、西藏地区之间的联系加强，藏马进入宁蒗永宁地区。长期以来，在特殊的生态条件和社会经济条件下，永宁马在宁蒗县永宁等地自群繁育，很少受外来品种马的影响，形成了地方品种。

永宁马体质结实，肌肉丰满，骨骼粗壮，结构匀称。头短而重，额面微凸，耳小而厚、直立灵活，眼大明亮。颈粗短，肌肉发育良好，头颈结合、颈肩结合良好。鬐甲明显，胸宽腰短，背腰平直，腹大而深，尻斜，背腰结合、腰尻结合良好。肢势端正，关节、肌腱发育良好，四肢粗壮，管部长短适中，蹄质坚实，蹄形正常。尾础低，尾毛长而稀疏。被毛粗厚，毛长浓密，距毛多。毛色以栗、骝、黑、青色居多，其他毛色较少。头部和四肢无白章。

永宁马母马平均体尺（厘米）：体高 122.24±3.67，体长 123.14±5.33，胸围 148.18±9.01，管围 17.15±1.27。公马 2 岁性成熟，3 岁开始配种，4～12 岁配种能力最强，繁殖年限为 10～15 年。自然交配公、母马比例为 1∶10～1∶15。母马初情期在 2.5 岁左右，4 岁开始配种，5～15 岁是配种繁殖旺盛期；发情季节为 4～6 月，发情周期 15～28 天；妊娠期 335±5 天，一年产 1 胎、三年产 2 胎者居多；繁殖年限为 12～15 年，终生可产驹 8 ～ 14 匹。幼驹繁殖成活率 88.4%。初生重公驹约 23.5 千克，母驹约 22.4 千克。

永宁马具有耐高寒、耐粗饲、抗病虫、合群性强、性情温驯、易饲养的特性，在恶劣气候条件下仍能正常生长繁殖。其运步灵活、善走崎岖山路、富持久力，适合驮载和乘骑，适应高山深谷及气候垂直差异的环境条件。

乌蒙马

乌蒙马是山地驮乘兼用型马地方品种。原属于云南马的一个类群。主产于云南省昭通市的镇雄县、彝良县、永善县、昭阳区等全部 11 个县、区，主要集中在云南、贵州两省接壤的乌蒙山系一带海拔 1200 ～ 3000 米的山区，在此高度范围以外虽有分布，但数量相对较少。

当地出土的化石说明史前很长时期，马属野生祖先就普遍繁衍在昭通盆地乌蒙山一带。据史料记载，从公元前 11 世纪前后起，乌蒙马因其体质高大、品质优良广泛用于交通、使役及战争。这促进了当地养马业的壮大。同时，由于乌蒙马产区即昭通地区为多民族聚居地，马匹为产区人民必需的生产资料。彝、苗族人民尤喜养马。苗族人民端午节的"耍花山"赛马活动一直沿袭至今。乌蒙马就是在这种特殊的自然环境和社会经济条件下，经长期的选择培育形成。后曾引入三河马、伊犁马等与本地马进行杂交，同时建立河曲马繁殖场，提供种马。以河曲马为父本所产的杂交后代质量最佳，取得了一定杂交利用效果。

乌蒙马属山地小型马。体格相对较小，结构匀称。可分为轻型和重型两类，轻型马体质结实细致，肌肉发育良好，气质中悍偏上，适宜骑乘；重型马体质稍显粗糙，骨骼粗壮，四肢强健，肌肉发达，气质中悍偏下，驮挽性能良好。头中等大，为直头。眼稍小而眸明，耳大小适中而直立、转动灵活。颈斜、长短适中，颈肩结合良好。鬐甲高度适中，长宽适当。前胸发育良好，胸宽一般，肋骨拱圆，腹围大小适中，背腰平直，尻斜。前肢肢势端正，后肢微呈刀状肢势，关节发育良好，肌腱明显，蹄质坚实。鬃、鬣、尾毛浓密且长。毛色以骝、栗色为多。

乌蒙马

乌蒙马母马平均体尺（厘米）：体高 120.21±5.14，体长 112.68±10.70，胸围 148.41±8.06，管围 16.62±1.25。乌蒙马在高原山地具有驮乘兼备的优良性能，以驮载能力持久著称，役力强大，驮载重量达体重的 1/3 以上。长途作业，公马一般能驮 60～70 千克，母马能驮 40～60 千克。短途驮载，少数优良公马达 80～100 千克。驮载速度 4～5 千米／时，每日行程约 30 千米。乌蒙马在城市及公路上亦供挽用，单马驾胶轮车载重 450 千克，可日行 30 千米。有坡度的山区水泥公路，长途运输，驾胶轮车一般单马载重 400～500 千克，双马载重 700～800 千克。性成熟年龄公马为 1.5～2 岁，母马为 2～2.5 岁；初配年龄均为 2～3 岁。配种旺盛期公马为 4～12 岁，母马为 4～15 岁。配种利用年限公马最长 15 岁，一般 5～7 岁；母马最长 20 岁，一般 9～10 岁。饲养管理水平高者，母马 20 岁以上仍能生育，且幼驹成活率高。

昭通市立体气候明显，母马发情配种因海拔高低不同而有差异，高寒山区母马发情比二半山区推迟 1 个月左右，一般发情配种多在 3 ～ 8 月，以 5 ～ 7 月为配种旺季，易于受胎；发情周期 21 天，产后 7 ～ 15 天第一次发情；妊娠期 330 ～ 345 天，终生可产驹 6 ～ 8 匹；年平均受胎率 91%，年产驹率 88%；采用人工授精时母马受胎率 85%。初生重公驹约 28 千克，母驹约 26 千克；断奶重公驹约 97 千克，母驹约 88 千克。

乌蒙马耐粗放饲养，抗寒、耐湿，能适应当地南干北湿的气候特点，抗逆性强、吃苦耐劳、持久力好、善走山路、夜路，善走对侧步，上山攀登有力，遇陡滑坡路可用尾牵引助人，下坡过河机灵勇敢，能平稳跳跃或涉水而过。少有恶癖，抗病力强，一般不易发病。

文山马

文山马是山地驮挽兼用型马地方品种。原属于百色马中的小型马类群。主产于云南省文山壮族苗族自治州，分布于全州八县，就数量而言以富宁县、麻栗坡县、丘北县、马关县、广南县较多。

在文山壮族苗族自治州西畴县发现野马的牙齿化石证实，文山马分布广泛，历史悠久，特别是过渡型马种的存在时间，大致衔接了史前的早期文明。文山马的形成与其赖以生存的湿热的常绿阔叶林黄土地带的生态环境有着密切的关系。此外，特有的饲养方式和选育目标，以及产区传统的"耍马"活动在马种的形成过程中也起到了重要作用。文山马是经过上述条件的共同影响，逐渐形成的地方良种。

文山马体质结实紧凑，外貌清秀，有悍威，体形匀称，短小精悍。

头中等大，为直头。眼大小适中，耳小。颈部稍短，多呈正颈。肩部长短、角度适中。鬐甲稍低，背腰平直且结合良好，胸宽，肋拱圆，腹部较充实，尻部稍斜。肢势端正，关节结实且发育良好，肌腱明显，管部长短适中，少数马后肢呈轻度外弧，微卧系，蹄质坚实。尾础高，尾毛浓密。步态强健有力，步样轻快，行动敏捷，善于行走山路。毛色以栗、骝、青色为主。

文山马母马平均体尺（厘米）：体高 112.2 ± 4.6，体长 113.6 ± 5.2，胸围 132.6 ± 4.2，管围 15.50 ± 0.70。载重 600 千克，正常挽力为 285 千克；载重 1081 千克，最大挽力为 330 千克。正常驮重 60 ～ 113 千克，最大驮重 210 千克。公马 18 月龄性成熟，2.5 ～ 3 岁开始配种，5 ～ 12 岁为繁殖盛期，繁殖年限可达 17 ～ 20 年，个别公马年过 25 岁仍有繁殖能力。母马性成熟较早，24 月龄性成熟可以配种受胎；发情周期 20 ～ 25 天，发情期持续 57 天，全年均可发情，发情季节多为 4 ～ 6 月；妊娠期 307 ～ 412 天，母马产后 7 ～ 10 天第一次发情配种；4 ～ 12 岁繁殖力最高，繁殖年限长达 14 ～ 18 年，终生可产驹 8 ～ 11 匹，成活率 96%。

文山马具有耐劳、耐粗饲、食量小、易饲养、易调教、抗炎热潮湿、持久力强等特点。对当地气候、环境有较强的适应性，抗逆性强，但对某些传染病易感。主要用于驾乘、驮运物资、拉车，在坝区还可用于犁、耙田地等。

腾冲马

腾冲马是驮挽乘兼用型马地方品种。原属于云南马的一个类群。产于云南省西部边陲的保山市腾冲市。中心产区在腾冲市北部明光镇的自治、麻粟、沙河，界头镇的大塘、西山、水箐、周家坡，滇滩镇的联族、云峰、西营，猴桥镇的轮马、胆扎、永兴等边远村寨。

在云南省西北部发现的史前马化石，说明腾冲马在形成过程中可能受到野马祖先的影响。据考古发现，早在公元前 4 世纪，腾冲是缅甸、印度、中亚等商贸通道的枢纽，马是贸易活动必不可少的运载和驾乘工具。这对腾冲马繁殖和选育工作的开展起到了积极作用。

腾冲马体格较大，体质粗糙结实，结构匀称。头部略长，稍重，耳大小中等。颈较细，长短适中、多呈水平颈，头颈、颈肩背结合良好，鬐甲不高、大小适中；胸深不足，宽度适中、肋部拱圆；腹围大，稍下垂。背腰平直、较长，背腰、腰尻结合良好。尻稍斜，肌肉发育较好，四肢粗壮，关节结实，肌腱发育良好，后肢多呈外弧肢势，蹄质结实。尾毛长，浓稀适中。毛色以骝、栗色为多，黑、青、花色次之。

腾冲马母马平均体尺（厘米）：体高 113.08±4.16，体长 118.15±8.20，胸围 137.04±6.77，管围 16.86±0.92。可驮载 100 千克，日行 30 千克，可连续工作 10～15 天。挽力公马为 350～400 千克，母马为 250～350 千克。2 岁左右性成熟，3 岁便开始配种，一般利用年限为 18 年。发情季节多为 2～3 月，发情周期 18～21 天，产后第一次发情多在产后 7～14 天；妊娠期 340 天左右，一年产 1 胎、两年产 1 胎或三年产 2 胎。群牧时年平均受胎率 92%，年产驹率 80.8%。初生重公驹 20～25 千克，母驹 18～22 千克。

腾冲马适应性强，性情温驯，富持久力，适应高热、潮湿环境，是优良的乘、驮、挽用马。合群性强，易放牧，一年四季均以放牧为主。晚上适当补饲青干草、农作物秸秆等。抗病力强，只要饲养管理得当，一般不会发生疾病，但易感染马喘气病。

大理马

大理马是驮乘兼用型马地方品种。又称滇马，古称越赕驹，原属云南马的一个类群。主产于云南省西部横断山系东缘地区，中心产区为大理白族自治州鹤庆县、剑川县、大理市，洱源县、宾川县、漾濞彝族自治县、巍山彝族回族自治县、云龙县等地也有分布。

云南剑川等地发现有 100 万年前野马牙齿化石及距今 1 万年的驯养马种化石，这些史前马的发现，说明大理马受到野生祖先的影响。2008年，云南剑川县海门口史前遗址发掘出 3000 多年前马的牙齿，说明早在商朝晚期，大理地区的劳动人民已开始养马。大理是南方丝绸之路的必经之地，位于茶马古道的中心，自古以来都是滇西的交通枢纽及经济、商业、文化中心，处于中国与中南半岛及印度的交通十字路口。山区交通不便，群众依赖马驮运、乘骑，这对大理马的形成起到了促进作用。

大理马体格较小，结构紧凑，清秀俊美，行动灵敏，性情温驯。体质类型在坝区多为细致型，山区、半山区多为干燥型。直头，额宽中等，耳薄、短而立，眼稍小而有神。颈多为水平颈，颈长中等、稍薄，头颈及颈肩背结合良好。鬐甲低、稍窄、长短适中。胸窄而深，背短而平直，背腰结合良好，腹部大小适中。尻短、稍斜。四肢结实，肢势端正，肌腱发育良好，系部短而立。蹄中等大，蹄质坚实。尾长至飞节以下，尾础中等高。

大理马母马平均体尺（厘米）：体高 118.31±3.94，体长 123.43±5.08，胸围 143.44±8.85，管围 16.09±1.56。以驮载为主。成年马可长途驮运，每匹马可驮 65 千克，最高可驮 80 千克。一般日行 20 ～ 25 千米的崎岖山路，长途运输可持续作业 15 天以上。在坝区土路，坡度小于 5° 的路面上，单马驾车可挽重 300 ～ 350 千克，平路可挽重 400 千克左右，能日行 30 千米。公马 1.5 岁性成熟，2 ～ 3 岁开始配种，本交时每匹公马配种母马 35 ～ 60 匹，采用人工授精时每匹公马配种母马 150 ～ 300 匹。母马 1 岁左右性成熟，2 ～ 2.5 岁开始配种。公、母马使用年限一般在 15 年左右，有的可达 20 年，5 ～ 13 岁为繁殖旺盛期。母马发情季节主要集中在 3 ～ 8 月，5 月为发情配种高峰期，产后 9 ～ 12 天发情，发情周期 23.40 ± 4.32 天，发情期为 6 ～ 11 天；产马驹母马平均妊娠期 342 ± 11 天，产骡驹母马平均妊娠期 354 ± 16 天；年平均受胎率本交 78%，人工授精 80%；年产驹率为 74%，终生产驹 7 ～ 10 匹。幼驹初生重 18.56 ± 2.81 千克，幼驹断奶重 58.52 ± 9.12 千克。

大理马生活在山区、半山区，适应性强，耐粗饲，耐受高温、高湿、高寒，在海拔 1000 ～ 3000 米的地区皆能正常生长、繁殖。合群性强，放牧采食能力强，抗逆性及抗病能力强，如果饲养管理得当，很少发生疾病。

贵州马

贵州马是驮乘兼用型马地方品种。又称黔马。主产于贵州省的西部和中部，其中以毕节、六盘水等西部地区为集中产地。广泛分布于贵州其他地区，其中以边远山区为主。

历史上贵州边远地区以畜牧业为主，从贵州省兴义市万屯和兴仁县交乐出土的东汉铜车马，说明贵州早已是中国良马的产区。从史料可知，南宋时推行茶马制度，规定该地每年进行马匹买卖。在明、清以贡马出名。近代，在贵州西部、南部繁盛马市场交易，促进了贵州马的扩大分布。1939 年以后，相继建立了 10 处马匹配种站，并采用卡巴金马、古粗马作种公马进行配种，但时间不长，影响面不大，贵州马仍属本地品种。

贵州马体格小，躯体呈近高方形。头直而方，眼大明亮，鼻翼开张，耳小而立，颌凹宽。颈长适中，头颈结合良好，颈肩结合显弱。乘挽用马多斜颈，驮用马颈多呈水平。鬐甲高长中等。胸宽深中等，背腰平直、短而宽，肋拱圆，腹部紧凑，胸腹部呈圆筒形。尻短斜，尻肌丰满。四肢肌腱、关节发育良好，肩短而立，前肢肢势端正，后肢曲飞，驮用马后肢多外弧。蹄质坚实，山地短途使役可不装蹄铁。皮薄毛细，鬃、鬣、尾毛稠密。毛色较复杂，以骝、栗色为多，黑、青、兔褐色次之。

贵州马母马平均体尺（厘米）：体高 111.98±5.47，体长 114.32±6.39，胸围 142.55±8.79，管围 17.62±1.26。主要用于山区驮载运输，驮载能力强，驮重为体重的 50% 以上。公马驮 108.36 千克、母马驮 91.87 千克，日行 30 千米，时速 5.24 千米，可以连续使役 15 天以上。用于挽曳运输，单马车可挽重 500～700 千克，双马车可挽重 700～1000 千克，用轻快步行进，平均时速 7 千米，挽力一般相当于体重的 80%～90%。公、母马性成熟年龄均为 18～24 月龄，初配年龄均为 30～36 月龄。母马发情的季节性不强，多在 3～7 月发情，发情周期 21 天，发情期持续 4～7 天，妊娠期约 340 天，一般三年产 2 胎，少数一年产 1 胎，终生可产驹 5～7 匹。公、母马繁殖年龄 3～16 岁。初生重公驹约 18.40 千克，母驹约 17.66 千克；断奶重公驹约 73.95 千克，母驹约 72.76 千克。

贵州马短小精悍，体质结实，行动敏捷，富于悍威，性情温驯，对产区具有良好的适应性，耐粗饲，役用能力强且持久。除适应贵州山区的条件外，在山东、河南、安徽等地，其生长发育和繁殖性能仍正常。

建昌马

建昌马是乘驮兼用型马地方品种。又称川马。主产于四川省凉山彝族自治州，其中盐源县、木里藏族自治县、会东县、昭觉县、金阳县、冕宁县、普格县、西昌市、布拖县、越西县等地为中心产区，州内其余各县，以及雅安市汉源县、石棉县，攀枝花市盐边县、米易县等地也有分布。

建昌马以其产区曾名建昌、素以产良马著称而得名。唐宋时代所称的蜀马，即包括建昌马；因其善于登山，故又有山马之称。据史料记载，早在 2000 多年前，建昌马在产区已盛产。由于产区山多、交通不便，马常用于骑乘或驮运物资，后也用于挽车。由于社会经济发展的需要，促进了建昌马的发展。此外，当地常举办的传统赛马会也为建昌马的形成起到了一定的作用。

建昌马体格较小，体质结实干燥。头稍重，多直头，眼大有神，耳小灵活，斜颈或略呈水平。鬐甲略低，胸稍窄，腹部适中，背平直，腰短有力，背腰结合良好。尻部结构紧凑，尻略短、微斜。四肢较细，肌腱明显，部分马前肢外向，后肢多有刀状。蹄小质坚。尾础低，全身被毛短密，鬃、鬣、尾毛密而长。毛色以骝、栗色为主，其次为黑色等毛色。

建昌马的母马平均体尺（厘米）：体高 114.3±3.6，体长 119.2±5.6，胸围 131.1±5.0，管围 14.7±0.8。一般能驮重 70～75 千克，体质较好的可驮重 80～90 千克，速度 4～5 千米/时，每天行程 30～40 千米，长途托运可达半月以上。性成熟较早，公马 1 岁左右达到性成熟，初配年龄 3～4 岁，一般利用年限为 12 年。母马 8～9 月龄达到性成熟，一般 3 岁开始配种；发情季节为 2～11 月，配种旺季为 3～5 月；发情周期 22～25 天，妊娠期 338 天左右；年平均受胎率 75%，年产驹率 70%，繁殖年限可达 20 年。初生重，公驹 20～25 千克，母驹 18～23.5 千克；断奶重，公驹 95～103 千克，母驹 90～100 千克。

建昌马有极强的适应能力，在极为粗放的条件下，终年以放牧为主，冬季枯草期适当补饲草料，均能很好地生长、繁殖，且发病少、抗病力强。

百色马

百色马是驮挽乘兼用型马地方品种。主产于广西壮族自治区百色市。中心产区包括百色市的田林县、隆林县、西林县、靖四县、德保县、凌云县、乐业县和右江区等，约占马匹总数量的 2/3。分布于百色市所属的全部 12 个县、区及河池市的东兰县、巴马县、凤山县、天峨县、南丹县，崇左市的大新县、天等县，以及南宁市、柳州市等。

百色马的饲养历史已近 2000 年，是在产区自然条件、社会经济因素的影响下，经劳动人民精心培育形成的。从文献及出土文物中可知汉朝时期蜀边已开始交易百色马，南宋时马源紧张，曾向西南征集马匹。现仍有往桂林、梧州及广东方向销售百色马的传统。

百色马体质干燥结实，结构紧凑匀称，体格较小。头短而稍重，为直头，颌凹宽广，眼大，耳小、直立，头颈结合良好。颈短、厚而平。鬐甲较平，肩短而立。躯干较短厚，胸部发达，肋拱圆，腹较大而圆，背腰平直，尻稍斜。四肢肌腱、关节发育良好，骨量充实，前肢肢势正常，后肢多呈外弧和曲飞节。系长短适中，蹄小而圆，蹄质致密、坚实。鬃、鬣、距、尾毛均较多。以骝毛为主，其他有青毛、栗毛、黑毛、沙毛等。由于土山地区和石山地区的饲养条件不同，长期以来，百色马逐渐形成了土山马（中型）和石山马（小型）两种类型。土山地区的马较为粗重，石山地区的马略清秀。

百色马母马平均体尺（厘米）：体高 109.73±5.40，体长 107.88±14.02，胸围 126.59±8.08，管围 13.95±1.42。一般驮重 50～80 千克，在坡度较大的山路上，每小时行 3～4 千米，日行 40～50 千米；平坦路面每小时行 4～5 千米，日行 50～60 千米。挽力较强，最大挽力平均为 230 千克，占体重的 92%。

百色马母马性成熟年龄为 10 月龄，2.5～3 岁开始配种；发情季节 2～6 月，多集中在 3～5 月。发情周期 19～32 天，平均 22 天，妊娠期 317～347 天，平均 331 天；年平均受胎率 84.04%，一年产 1 胎或三年产 2 胎，终生可产驹 10 匹左右；利用年限约 14 年，最长达 25 年；初生重，公驹约 11.32 千克，母驹约 11.31 千克；断奶重，公驹约 39.27 千克，母驹约 38.86 千克。

百色马适应山区的粗放饲养管理条件，在补饲精料很少的情况下，繁殖和驮用性能正常，无论是酷暑还是严寒，常年行走于崎岖山路。离开产地，也能表现出耗料少、拉货重、灵活、温驯、刻苦耐劳、适应性强等特点。

锡尼河马

锡尼河马是乘挽兼用型马地方品种。又称布里亚特马。主产于内蒙古自治区呼伦贝尔市鄂温克族自治旗的锡尼河、伊敏河流域。

锡尼河马在 20 世纪 60 年代以前称布里亚特马。苏联十月革命时期，居住在后贝加尔一带的布里亚特蒙古人大量移民定居于锡尼河流域，同时带来了后贝加尔马及其改良马，由于与三河马产区相邻，所以很早就与三河马有血缘关系。曾用盎格鲁诺尔曼种马进行改良，但所产杂种马不多。后又引用三河马、顿河马、苏高血马和奥尔洛夫马等品种进行导入杂交，但数量不多、影响不大。

锡尼河马体质结实，结构匀称。头清秀，眼大额宽，鼻孔大，嘴头齐。颈直。鬐甲明显。胸廓深广，背腰平直，肋拱腹圆，尻部略斜，肌肉丰满。四肢干燥，关节明显，肌腱发达。前肢肢势正直，后肢多呈外向，蹄质致密坚实。鬃、鬣、尾毛长中等，距毛短而稀。毛色以骝、栗、黑为主，杂毛较少。

锡尼河马母马平均体尺（厘米）：体高 142.87±4.51，体长 151.43±3.87，胸围 174.32±5.50，管围 18.49±0.74。公马性成熟年龄为 17～22 月龄，初配年龄为 4 岁，一年可配种 20～25 匹母马，一般使用 12～15 年。母马性成熟年龄为 14～18 月龄，初配年龄为 3 岁；发情季节为 4～7 月，发情周期 23.12 天，妊娠期 327～333 天；年受胎率为 80%～85%，年产驹率 75%～80%，使用年限一般为 15～18 年。初生重，公驹

41 ～ 46 千克，母驹 36 ～ 40 千克；断奶重，公驹 108 ～ 115 千克，母驹 105 ～ 109 千克。

锡尼河马终年大群放牧，具有很好的合群性，母马护驹性好，公马护群性强，能控制马群。常年放牧的锡尼河马性情温驯，适应性强，能忍受饥饿、寒冷等恶劣条件，恋膘性好，抓膘迅速而掉膘缓慢。马匹冬天刨雪吃草，一般雪深 40 厘米以下均能刨雪采食，抗御自然灾害能力强，"春瘦、夏壮、秋肥、冬瘦"的现象很明显。

山丹马

山丹马是中国以驮载为主的兼用型马品种。产于中国甘肃省山丹军马场。中心产区位于张掖市中牧山丹马场，集中分布于周边农牧区，全国其他省、市、自治区（除台湾省外）也有零星分布。1984 年通过品种鉴定委员会审定，1985 年正式命名。20 世纪 80 年代以前主要输送到部队及地方农牧区，此后部队用马减少，转向牧区、山区农村及旅游娱乐景点和生物制品基地。

山丹马分为驮挽和驮乘两个类型。体质干燥，粗糙结实型公马占 50.0%，母马占 36.6%。体格中等大，躯干粗壮，体形方正，结构匀称，气质灵敏，性格温驯。头形较轻为直头，额宽，眼中等大，耳小、两耳相距较宽，鼻孔大。颈长中等、较倾斜，颈

山丹马

础不高，颈肩结合较好。鬐甲明显。胸宽深，肋拱圆，腹部充实，背腰平直，腰较短，尻较宽、稍斜。肩稍长而斜，四肢中等长，肢势端正，后肢轻度外向，关节强大，肌腱明显。蹄大小适中，蹄质坚实。毛以骝毛为主，其次为黑毛和栗毛，少数头部和四肢下部有白章。

山丹马母马平均体尺（厘米）：体高 138.5，体长 142.3，胸围 169.3，管围 17.6。在海拔 2800 ～ 4000 米的祁连山区，驮重 100 千克时行程 200 千米，历时 5 天，其间包括急行、涉水和翻越高山等。骑乘测验纪录 1600 米为 2 分 13 秒，5000 米为 8 分 13 秒，对侧步 1000 米为 2 分 11 秒。最大挽力达 455 千克，相当于体重的 89%。单马驾两轮胶轮车载重 500 千克，时速 15 千米。遗传性稳定。公马 2.5 岁、母马 2 岁性成熟，通常公马 4 岁、母马 3 岁开始配种。种公马一次射精量 55.9±13.7 毫升，精子活力 0.6±0.1，精子密度 1.4±0.3 亿/毫升，存活时间 91.2±20.4 小时。母马 4 ～ 8 月发情，发情周期 19.5±5.4 天，发情持续期 7.7±5.4 天。

山丹马适应性强，亲和力高，易调教，耐粗饲、高寒、缺氧、高热高湿，抗病能力强，合群性较强，对异地饲养适应快，持久力和耐力强，恋膘性强，驮力、挽力、速力和爬山越野能力均较好，许多马生来善走对侧步，作为军马较其他马种有明显优势。

伊犁马

伊犁马是中国乘挽兼用型马培育品种。1958 年正式命名。中心产区位于新疆维吾尔自治区伊犁哈萨克自治州昭苏县、尼勒克县、特克斯县、新源县及巩留县等。伊犁昭苏种马场、昭苏马场为伊犁马的核心育种场。

伊犁马的母本为哈萨克马，育成及发展经历了近百年历史。体质结实，富有悍威，性情温驯，结构匀称。头中等大、较清秀、为直头。面部血管明显，额广，眼大有神，鼻孔大。颈长适中，肌肉充实，颈础较高，颈肩结合良好。鬐甲较高。胸廓发达，肋骨开张良好，腹形正常，背腰平直而宽，尻宽长中等、稍斜。四肢干燥，关节明显，肌腱发育良好，前肢肢势端正，管部干燥，系长中等，蹄质结实，运步轻快。鬃、尾、距毛中等长。被毛主要为骝毛、栗毛、黑毛，其他毛色较少。

伊犁马

伊犁马母马平均体尺（厘米）：体高142.5，体长147.9，胸围171.7，管围18.4。冬季能刨开40～50厘米积雪层觅食枯草。力速兼备：骑乘速度1600米为2分8.7秒，50千米为1小时42分31秒；双马用四轮铁车载重1200～1500千克，日行30～40千米，可持续3～4天。最大挽力为400千克。初情期12～14月龄，性成熟期16～18月龄。母马满3周岁以后开始配种，4～7月份发情，发情周期21天，发情持续期8天，妊娠期323～337天；三年产两驹，终生可产驹10～12匹。公马一般4岁以后组群，个别公马20岁尚能保持良好的配种能力。在群牧自然交配情况下，母马受胎率70%～80%。

现代群牧管理多在夏季放牧于高山，冬季在低地越冬，并补饲干草。

遗传性稳定，曾用于改良蒙古马，效果较好。

蒙古马

蒙古马是中国乘挽兼用型马地方品种。主产于中国内蒙古自治区，中心产区在锡林郭勒盟，主要分布于呼伦贝尔市、乌兰察布市、鄂尔多斯市、通辽市、兴安盟、赤峰市。中国东北三省也是蒙古马的产区，华北和西北的部分农村、牧区也有分布。

◆ 起源和驯化

蒙古马是一个古老的品种，早在四五千年前，已被中国北方民族驯化。据史料记载，从汉代起，历朝各代曾将大量蒙古马的祖先引入中原。到北宋时蒙古马已分布于东北三省。到元明时期，蒙古马的饲养量更是空前高涨，元朝的蒙古帝国被称为"马之帝国"。明朝养马的全盛时期，马匹数量达10余万。数百年来，蒙古马多经张家口输入内地，早已遍布中国广大北方农村。1949年后通过人为选优去劣，马群质量和生产性能得到了进一步的优化和提高。但同时，由于进行了大量杂交改良，以及机械化的发展削弱了对马的需求，蒙古马数量逐年大幅减少。

◆ 生物学特性

蒙古马体质粗糙结实，体格中等大，体躯粗壮。头较粗重，为直头或微半兔头，额宽平，眼大耳小，鼻孔大，嘴筒粗。颈短厚，颈础低，肌肉发育丰满，多呈水平颈，头颈结合良好。鬐甲短而宽厚。前胸丰满、胸深，肋拱圆，多数腹大而充实，背腰平直而略长，尻短而斜。四肢短粗，肌腱发育良好，关节不明显，蹄质坚硬。鬃、鬣、尾和距毛浓密。

蒙古马毛色复杂，青、骝、黑色较多，白章极少。东北农区的蒙古马体形较重，身低躯广，骨量充实，中躯发育良好，前胸和尻较宽。东部草甸草原和农区的蒙古马体格较大，西部荒漠、半荒漠草原和农区的蒙古马体格较小。

蒙古马适应性较强，抗严寒、耐粗饲，能适应恶劣的气候及粗放的饲养条件。恋膘性强，抓膘迅速、掉膘缓慢，营养状况随季节而变化，呈现"春危、夏复、秋肥、冬瘦"的现象。能够识别毒草而不中毒，抗病力强，除寄生虫病和外伤，很少发生内科病。大群放牧的蒙古马具有很好的合群性，一般不易失散，母马母性强，公马护群性强。长年放牧的蒙古马性情悍烈、好斗、不易驯服，听觉和嗅觉都很灵敏。

◆ 用途

蒙古马有多种用途。在草原区骑乘，可日行 50 ～ 100 千米，连续 10 余天；短距离骑乘速度纪录 1600 米为 2 分 0.8 秒，15.5 千米为 24 分 12 秒。在正常挽力下农区可终年使役，工作能力可保持到 18 岁。母马在哺育幼驹的同时可产奶 300 ～ 400 千克。据对部分个体测定的数据可知，7 ～ 8 成膘空怀母马屠宰率为 55%，净肉率为 46%。以阿尔登马和奥尔洛夫快步马等品种改良蒙古马，取得了良好效果，并育成一些新品种。

◆ 品种

蒙古马数量多、分布广，因各地自然生态条件不同，逐渐形成了一些适应草原、山地、沙漠等条件的优良类群，比较著名的有乌珠穆沁马、百岔马、乌审马、巴尔虎马等。

犬

犬是食肉目犬科灰狼种家犬亚种动物。又称狗。

人类饲养数量最多的宠物。俗称"六畜"（猪、马、牛、羊、鸡、犬）之一。在4万～1.5万年前由东亚灰狼驯化而来，是人类最早驯养的动物。分布于世界各地，被称为"人类最忠实的朋友"。据联合国统计，全球约有犬6亿只，中国约有2亿只。全球已有39个国家犬业协会和多个国家的30多个协作犬会。

◆ 驯化史

犬的野生祖先是广泛分布于欧亚及美洲大陆的狼，在其他地方也可能保有胡狼的血统。最初，体形较小的变种狼常在人类住处附近觅得弃骨等食物而留恋不去；也有人将抱回的狼崽养大，性野的离去，温驯的留下。人类发现留下的狼能报警和协助狩猎，便加以豢养和选择，变成能吠叫的家犬。中国早在半坡和河姆渡文化时期就已有养家犬的记载。犬的用途和类型随着社会生产力的发展而改变。当人靠狩猎获取衣食来源时，便使用善于发现和追捕猎物的狩猎犬，俗称细犬。火药枪问世以后，便培育出嗅觉发达能辨出猎物藏身处的嗅猎犬，又称枪猎犬。放牧用的牧羊犬，体大、毛长、凶悍的用于保护畜群，聪明善解人意的中型犬用于管理羊群。定居农业需要体大、凶猛的獒看家护院。使用活泼机灵的㹴消灭害兽，保护庄稼。在工业化和城市化社会，人们将犬从庭院转入室内，原为宫廷或贵族专宠的小型玩赏犬进入普通人的家庭。随着社会的发展，狩猎也变成体育运动，将细犬用在博彩业的跑犬场上，而品种繁多的其他犬种则转变成伴侣犬,给日益远离自然的家庭带来慰藉。

◆ **生物学特性**

犬同狼一样有 39 对染色体。与狼相比,犬的吻部较短,牙齿较细,头较小。属社会动物,群内有尊卑序列。鼻尖湿润,有凉感。幼犬体温为 38.5～39.0℃,成年犬 37.5～38.5℃,早晨高,晚上低,日差 0.2～0.5℃。心率 70～120 次 / 分钟,呼吸频率 10～30 次 / 分钟;性成熟年龄母犬7～10 月龄,公犬 10～16 月龄。公犬长年能交配,母犬一年发情两次,多为春、秋季发情。妊娠期 59～64 天。母犬分娩时自噬胎衣和脐带,并舔干幼仔。大型犬种 1 胎产 8～12 仔,中型种产 5～7 仔,小型种产 2～3仔。仔犬初生时聋且盲,12 天睁眼,20 天才有听觉,此前的排泄需母犬舔舐刺激,粪尿被母犬食除。幼犬 45 日龄左右可断奶。仔犬宜在 2月龄换主。犬 1 岁之前生长较快,以后较缓。小型种在 1 岁、大型种在2 岁达到体成熟,8 岁进入老年,寿命可达 15 年左右。共 5 种血型,即 A、B、C、D、E 型,只有 A 型血(具有 A 抗原)能引起输血反应,其他 4型血可任意供各型血的犬受血,无输血反应(溶血问题)。

语言

犬能用叫声(声音语言)、动作表情(身体语言)及气味等传达信息和感情,犬个体之间及与人类或其他动物能通过姿态、动作、叫声、气味等互相传递信息,在其栖息处周围和沿途常以撒尿作为领地和归途标志。

嗅觉

犬的嗅觉灵敏度位居各畜之首,常依赖嗅觉去认识环境事物。犬灵敏的嗅觉主要表现在对气味的敏感程度和辨别气味的能力两个方面。敏感度会因味道的种类而有所差别，约为人类嗅觉的 1200 倍。犬大约能辨别 200 万种不同的气味，且具有高度分析的能力，能够从许多混杂的气味中，嗅出它所寻找的那种气味。犬对气味的感知能力可达分子水平。

听力

犬可分辨极细小或者高频率的声音（超声波）。对声源的判断能力很强。当犬听到声音时，由于耳与眼的交感作用，完全可以做到"眼观六路，耳听八方"。即使睡觉也保持着高度的警觉性，对 1 千米以内的声音都能分辨清楚。

视力

犬的视力中等。但对移动的物体具有特别的侦视能力，较易在光线暗淡处看见物体。

齿

成犬（恒齿）齿式为门齿、犬齿、前臼齿、臼齿，共计 42 枚。幼犬齿式为门齿、犬齿、前臼齿，共计 28 枚，缺 1 枚前臼齿和 13 枚臼齿。

汗腺

犬的汗腺很不发达，不能像人一样，通过出汗来调节体温。用于调节体温的外分泌汗腺只分布在 4 只爪子的肉垫上，且非常少，故犬通过张嘴伸舌、大口喘气、分泌大量的唾液蒸发来代替出汗散热、降低体温。

肠胃

犬的消化道比食草动物要短，犬胃盐酸含量在家畜中居于首位，加之肠壁厚、吸收能力强，所以容易消化肉类食品。

睡眠

幼犬和老犬睡眠时间较长，年轻力壮的犬睡眠较少。犬一般都是处于浅睡状态，稍有动静即可惊醒，但也有沉睡的时候。浅睡时犬呈伏卧的姿势，头俯于两前爪之间，经常有一只耳朵贴近地面。沉睡后犬不易被惊醒，有时发出梦呓，如轻吠、呻吟，并伴有四肢的抽动和头、耳轻摇。熟睡时常侧卧，全身展开。犬平常睡觉时不易被熟人和主人所惊醒，但对陌生的声音很敏感。

行为习惯

包括：①等级制度。犬在群居时，也有等级制度。建立这样的秩序可以保持整个群体的稳定，减少因为食物、生存空间和对异性的争夺而引起的恶斗和战争。②睡前转圈。犬卧下前，总在周围转圈，确定无危险后，才会安心睡觉。③喜欢被抚摸。④对陌生人的态度。犬对陌生人的行为准则是根据自己视线的高度来判断对手的强弱。陌生人一靠近，从上面下来的压迫感会使它不安；若采用低姿势，它较容易接受。⑤摇尾。一般在兴奋或高兴时，会摇头摆尾。一般尾巴翘起，表示喜悦；尾巴下垂，意味危险；尾巴不动，表示不安；尾巴夹起，说明害怕；迅速水平地摇动尾巴，象征着友好。⑥避开群体。犬生病时，会本能地避开人类或者其他犬，躲在阴暗处康复或死亡，这是一种"返祖现象"。⑦撒尿标记。狼用尿液标记领地、吸引异性或做路标，从狼演化而来的犬遗传了祖先的这种习性。⑧领地意识。犬具有领地习性，自己占有一定范围，并加以保护，不让其他动物侵入。一般利用肛门腺分泌物使粪便具有特殊气味，趾间汗腺分泌的汗液和用后肢在地上抓挠，作为领地记号。⑨追猎。

喜欢追捕动物。

◆ 品种及分类

全世界有 400 多个犬品种。按畜禽品种遗传资源分类：①地方品种。较多，不完全估计约 15 个。②培育品种。包括昆明犬、狼青犬、莱州红、黑狼犬等。③引进品种。④杂交品种（土犬）。血统较复杂，中、外品种都有，遗传不稳定，在中国分布区域广、数量多，90% 在农村。按使用性质，可分为工作犬、猎犬、玩赏犬、肉用犬和实验犬等。按世界犬业联盟（FCI）分类，有牧业用犬，护卫、侦查、作业犬，腊肠犬，猎犬（猎取大型兽类），猎犬（猎取小型兽类），枪猎犬（非英国品种），枪猎犬（英国品种），细犬和玩赏犬等。按自然分类，有捕鸟猎犬、嗅犬、视犬、牧羊犬、警犬、更犬、斗犬、雪橇犬和玩赏犬等。按体格大小，可分为：①小型犬，体高在 35 厘米以下的犬种。②中型犬，体高在 35.1 ～ 54.9 厘米的犬种。③大型犬，体高在 55 厘米以上的犬种。中国古代按用途，又分为食犬、守犬和猎犬。

◆ 营养与饲养

犬原属食肉动物，进化后改杂食，喜食动物蛋白，营养需求大体与人相似，但消化纤维的能力很弱，食盐需求少（排盐能力弱），食物清淡为好，啃食消化骨头的能力强。宜以动物性饲料为主。采用科学方法配制的营养完善的商品犬粮，成犬日喂 1 次，幼犬 2 ～ 3 次。

◆ 调教与训练

使犬养成良好的行为习惯，便于饲养管理，为主人工作。根据条件反射原理进行，遵照因犬制宜、循序渐进、巩固提高的原则。

◆ **犬病**

主要疾病是犬瘟热、细小病毒、肝炎和冠状病毒、钩端螺旋体感染、狂犬病。注射疫苗可预防传染病。

拉布拉多犬

拉布拉多犬是主要用于缉毒、搜爆、消防搜救、导盲，作为伴侣等的犬种。又称拉多犬。

原产于英国。因被毛紧密，从水中出来时像涂了油样的光亮和似水獭的尾巴而闻名。1903 年首先获得英国养犬俱乐部承认为单独犬种。第一头被美国养犬俱乐部注册登记的拉布拉多犬是 1917 年从苏格兰引进的母犬。狩猎能力良好，依恋性强，奔跑迅速，善游水，嗅觉灵敏，被广泛应用于导盲、搜索和营救等。2000 年，中国从欧洲大批引进。

拉布拉多犬中等大小，体躯呈方形。体格强健有力，面部表情和善，步态轻松灵活，动作反应敏捷。性情温和友善，举止文雅，聪明灵活，攻击性弱。头宽阔，成年犬枕骨不显著。嘴唇不能呈正方形或下垂，颌部有力，口吻短粗，咬肌有力。鼻镜宽阔，且鼻孔发达。黄色或黑色犬的鼻镜为黑色，巧克力色犬的鼻镜为褐色。牙齿剪状咬和。耳适度贴近头部，略低于头，略高于眼睛所在水平线。眼睛中等大小，眼神灵活、友善，黑色或黄色的犬，眼睛为褐色；巧克力色犬的眼睛为褐或榛色，眼圈为褐色。颈长度适中，肌肉发达。背结实，在站立或运动中，背线保持水平。肩胛向后倾斜，与上臂呈大约 90 度。肩胛骨的长度与上臂骨的长度大致相等。前躯较短，前腿直，骨骼强壮，前腿之间开度适中。

后躯宽阔、肌肉发达，成年犬的下腹曲线几乎是直的，或略上提。腰短、宽而结实，前胸非常发达、健壮。足结实而紧凑，脚趾圆拱，脚垫发达。尾根部十分粗壮，向尖端逐渐变细，中等长度，不超过飞节。没有饰毛，尾似"水獭"，全身都覆盖着直、短而浓密的被毛，触摸手感坚硬，底毛柔软，颜色为黑色、黄色和巧克力色。黑色犬全身黑色；黄色犬为狐狸红到浅奶酪色，在耳朵、后背、下腹部颜色深浅有所不同；巧克力色犬为深、浅巧克力色。体高公犬 56 ～ 62 厘米，母犬 54 ～ 59 厘米；体重公犬 29 ～ 36 千克，母犬 24 ～ 31 千克。性成熟公犬

拉布拉多犬

10 月龄，母犬 8 月龄；体成熟公犬 24 月龄，母犬 20 月龄。一年发情两次，窝产 7 只左右，繁殖成活率 90% 以上。

藏 獒

藏獒是用于狩猎、治安防范、看护羊群的大型犬。又称藏狗、藏狮、羌狗、番狗、松番狗。

藏獒主要分布在中国藏族聚集区。中国其他大中城市及欧美等经济发达地区也有少数分布。

藏獒按体形外貌，可分为狮头型和虎头型。狮头型被毛长，丰厚，颈部饰毛发达，颇似雄狮；虎头型被毛短，颈部饰毛也短，头突出，颇

似虎头，骨量大。头额宽，头骨宽大，鼻和唇呈黑色，鼻孔圆形。鼻上部至头后部大而宽；鼻呈圆筒、宽大、方形。眼球为黑、黄褐色。耳呈三角形，自然下垂，较大，长宽比例接近，紧贴于面部。脸呈楔形，上嘴唇下垂，下嘴有微小皱褶，短而粗，分为平嘴、小吊嘴和包嘴。胸发育良好，肋骨开扩，胸深。背腰、肩胛稍隆起，背腰平直、宽。四肢粗壮直立，强劲有力，腕部角度适中，飞节坚实，爪呈虎爪形，掌肥大，对称，从爪上部至腿后部长有绯毛。尾毛长，自然卷于臀上，呈菊花状，下垂时尾尖卷曲。被毛长 8 ～ 30 厘米，呈双层，底层被毛细密柔软，外层被毛粗长。毛长度按颈、尾、背、体、腿、脸的顺序递减。毛色较多，可分为黑色、棕红色、铁包金、纯白、黄色、狼青色、虎皮色等。黑色獒全身黑色，颈下方、胸前可有白色斑片胸花；铁包金獒黑背，黄或棕色腿，两眼上方有两个黄或棕圆点，又称四眼。黄或棕色獒全身毛为金黄、杏黄、草黄、橘黄、棕等色，毛色齐，胸花小为佳。白色獒全身雪白，鼻镜呈粉红色，无杂色为佳。体高公獒 65 厘米以上，母獒 60 厘米以上；体长公

铁包金獒

獒 75 厘米以上，母獒 70 厘米以上；体重公獒 45 千克左右，母獒 40 千克左右。性成熟公獒 12 月龄，母獒 8 月龄；体成熟公獒 24 月龄，母獒 20 月龄。与其他犬种区别在于，只在冬季屠宰牛羊食物丰盛时，发情

交配产仔。饲养管理精心时也有少数一年两次发情。窝产仔 6 ～ 8 头，繁殖成活率 90% 以上。

藏獒性情威猛、善斗、果断、彪悍、倔强，沉着、冷静、稳重；孤傲不逊，感情专一，忠于主人，领地性强，尚存野性，对陌生人具有攻击性；抗逆性强，耐高寒，不耐高温、高湿，适应高海拔，喜肉食。

骆　驼

骆驼是偶蹄目骆驼科骆驼属单峰驼和双峰驼两个种的统称。又称橐驼。

◆ 起源进化

古生物学研究表明，骆驼在新生代始新世时期（约 5500 万年前）起源于北美洲的"原柔蹄类"。第四世纪冰期（约 100 万年前）时骆驼始祖动物从北美洲发源地分两路大规模迁徙。一部分通过白令海峡到达东半球、中亚、蒙古高原和满洲里等较寒冷的干旱地区，进化成双峰驼；另一部分跨过大陆干旱中心地带进入东欧，有的穿过中东、横过北非，向西迁徙远达大西洋，向南达坦桑尼亚，有的到达小亚细亚和非洲比较炎热的荒漠地带及印度北部干旱平原等地，演变成单峰驼。

◆ 驯化与分布

世界上约有 1800 万峰骆驼，其中 200 万峰为双峰驼，1600 万峰为单峰驼。双峰驼大部分分布在亚洲及周边较为清凉的地区，如蒙古国、中国、哈萨克斯坦、印度北部及俄罗斯，而单峰驼主要分布于北非、东非、印度大陆及阿拉伯半岛的沙漠或干旱地区。人类在大约公元前 3000 年就开始在阿拉伯半岛东南部驯化单峰驼，主要作为乳用，阿拉伯半岛中部也可能是早期驯化中心地域的一部分。单峰驼在驯化前已与双峰驼分化。单峰驼的野生祖先在公元纪年之初于阿拉伯半岛最后消失。驯养的双峰驼主要分布在中亚的一些国家，如土库曼斯坦、哈萨克斯坦、吉尔吉斯斯坦、巴基斯坦北部和印度的荒漠草原，向东延伸到俄罗斯的南部、中国的西北部、蒙古的西部。

◆ 生物学特征

骆驼属的两个种虽然有些差异，但是仍有许多共同的生物学特征。骆驼属动物的第三胃和盲肠很小；没有胆囊，胆管与胰管汇合成一条，在十二指肠开口，胰腺分泌物是主要的消化物；上唇有一天然纵裂，形似兔唇，便于采食矮草嫩叶；蹄被蹄冠边缘的肉垫被替代；前躯大于后躯，背短腰长，有 12 对肋骨；步态为对侧步；愤怒时喷唾沫；公驼发情时口吐白沫，枕腺分泌物增多，有特殊气味。对干燥和多纤维的稀疏植被的适应性极强；有蓄积大量脂肪的驼峰，食物不足时赖以供给营养；核型中二倍体染色体数目均为 74 条，37 对。

骆驼卧地时，胸、肘、腕、膝等处有着地的 7 块角质垫，跪卧时起保护作用。骆驼以卧式进行交配。公驼睾丸位于肛门下两股中央，排尿向后间歇射出。公驼没有精囊腺，但母驼输卵管独特的构造可使精子在此存活 90 小时左右；母驼阴户较小，会阴短，乳房小、呈四方形。

骆驼固有"沙漠之舟"之称，在恶劣的沙漠环境中能长期生存，不怕身体脱水。骆驼适应荒漠环境的特性之一是耐渴，这与其生理特性有关。骆驼在其漫长的进化过程中进化出在血管中储存水的机能，其血液里含有蓄水能力很强的高浓缩蛋白，且细胞对低渗溶液的抗力大，能吸收大量水分进行储存，还能将脂肪储存在驼峰中，以防在沙漠中饥荒而死。骆驼体内含有简单结构的抗体或免疫球蛋白，且免疫球蛋白比任何哺乳动物的免疫球蛋白都小得多，能够深入机体的组织和细胞，发挥极其重要的免疫功能。

◆ 品种

中国骆驼分布在内蒙古自治区和新疆维吾尔自治区等地区，全国骆驼根据其分布和形态大致分为蒙古骆驼和南疆骆驼两大生态型，基本包括 5 个品种：阿拉善双峰驼、苏尼特双峰驼、青海骆驼、新疆塔里木骆驼和新疆准噶尔骆驼。

双峰驼

单峰驼

◆ 饲养管理

骆驼因其组织结构和生理机能的特殊性，经长期的人工选择和自然选择，能够在极其贫瘠的荒漠草原上繁衍生息，喜欢采食荒漠草原其他畜种所不能采食的坚硬枝条、高大灌木、恶臭草类及带刺植物，所以不与其他畜种竞争草场。在 5 ～ 7 天未饮水和进食饲草料的情况下仍能使役。在夏季气温高达 47℃、地表温度高达 65℃，冬季最低气温 -36.4℃

的情况下，骆驼在无庇荫、无棚圈条件下仍能正常生活。骆驼的眼、鼻、耳具有特殊结构和机能，使其能在 7 ～ 8 级风沙天气里照常行走采食。骆驼长期在其他畜种难以生存的恶劣草场上生活，疫病传染途径相对少，体魄强壮，对各种疾病特别是传染病抵抗力较强，对恶劣的环境有顽强的适应性。

◆ 用途

骆驼兼有绒、乳、毛、皮、肉、役等多种用途。骆驼全身是宝：①加工驼乳制品。有许多传统的民间做法，如酸奶、酸奶干、奶皮子、黄油、白油、奶酪、乳饮料等。②驼掌或驼峰。是宴会上的一道名菜，并冠之以"高山熊掌"的美名。③驼骨。压成板，可制作各种工艺品和家具。④驼粪。牧民取暖的好燃料。⑤驼皮、驼毛、驼绒。各种皮革制品有着独到之处；驼毛被套、驼毛裤又软又轻；驼绒品质佳、纤维长、强度大、毛色浅、光泽好，有良好的成纱性，是高级毛纺织品的优质原料，开发前景极其广阔。

本书编著者名单

编著者　（按姓氏笔画排列）

<table>
<tr><td>万发春</td><td>王克华</td><td>艾文森</td><td>石彩霞</td></tr>
<tr><td>卢立志</td><td>冯佩诗</td><td>芒　来</td><td>芒来阳</td></tr>
<tr><td>任秀娟</td><td>旭荣花</td><td>闫　萍</td><td>安成福</td></tr>
<tr><td>孙少华</td><td>杜　玮</td><td>李俊雅</td><td>杨　山</td></tr>
<tr><td>杨　宁</td><td>杨炳壮</td><td>吴　浩</td><td>吴晓云</td></tr>
<tr><td>张　杨</td><td>张乃武</td><td>张晓明</td><td>林　实</td></tr>
<tr><td>孟庆翔</td><td>赵　若</td><td>赵含章</td><td>赵若阳</td></tr>
<tr><td>侯卓成</td><td>昝林森</td><td>宫桂芬</td><td>耿春银</td></tr>
<tr><td>郭年藩</td><td>黄必志</td><td>阎　萍</td><td>梁　辛</td></tr>
<tr><td>梁贤威</td><td>童碧泉</td><td>谭秀文</td><td></td></tr>
</table>